口絵1 いくつかの放射光施設の写真
[(a) https://www2.kek.jp/imss/pf/
(b) https://www.helmholtz-berlin.de/
(c) https://commons.wikimedia.org/] (本文 p.10 参照)

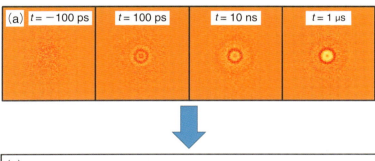

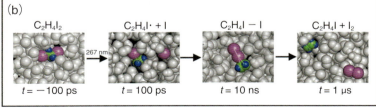

口絵2 1,2-ジヨードエタン分子の時間分解回折パターン (a) と導出された分子構造 (b)

[H. Ihee, *et al.*: *Science*, **309**, 1223 (2005)] (本文 p.87参照)

化学の要点
シリーズ
31

X線分光

放射光の基礎から時間分解計測まで

日本化学会 [編]

福本恵紀
野澤俊介 [著]
足立伸一

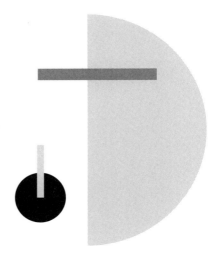

共立出版

『化学の要点シリーズ』編集委員会

編集委員長	井上晴夫	首都大学東京 特別先導教授
		東京都立大学名誉教授
編集委員 (50音順)	池田富樹	中央大学 研究開発機構　教授
		中国科学院理化技術研究所　教授
	伊藤　攻	東北大学名誉教授
	岩澤康裕	電気通信大学 燃料電池イノベーション
		研究センター長・特任教授
		東京大学名誉教授
	上村大輔	神奈川大学特別招聘教授
		名古屋大学名誉教授
	佐々木政子	東海大学名誉教授
	高木克彦	有機系太陽電池技術研究組合 (RATO) 理事
		名古屋大学名誉教授
	西原　寛	東京大学理学系研究科　教授
本書担当編集委員	井上晴夫	首都大学東京 特別先導教授
		東京都立大学名誉教授
	伊藤　攻	東北大学名誉教授

『化学の要点シリーズ』
発刊に際して

　現在，我が国の大学教育は大きな節目を迎えている．近年の少子化傾向，大学進学率の上昇と連動して，各大学で学生の学力スペクトルが以前に比較して，大きく拡大していることが実感されている．これまでの「化学を専門とする学部学生」を対象にした大学教育の実態も大きく変貌しつつある．自主的な勉学を前提とし「背中を見せる」教育のみに依拠する時代は終焉しつつある．一方で，インターネット等の情報検索手段の普及により，比較的安易に学修すべき内容の一部を入手することが可能でありながらも，その実態は断片的，表層的な理解にとどまってしまい，本人の資質を十分に開花させるきっかけにはなりにくい事例が多くみられる．このような状況で，「適切な教科書」，適切な内容と適切な分量の「読み通せる教科書」が実は渇望されている．学修の志を立て，学問体系のひとつひとつを反芻しながら咀嚼し学術の基礎体力を形成する過程で，教科書の果たす役割はきわめて大きい．

　例えば，それまでは部分的に理解が困難であった概念なども適切な教科書に出会うことによって，目から鱗が落ちるがごとく，急速に全体像を把握することが可能になることが多い．化学教科の中にあるそのような，多くの「要点」を発見，理解することを目的とするのが，本シリーズである．大学教育の現状を踏まえて，「化学を将来専門とする学部学生」を対象に学部教育と大学院教育の連結を踏まえ，徹底的な基礎概念の修得を目指した新しい『化学の要点シリーズ』を刊行する．なお，ここで言う「要点」とは，化学の中で最も重要な概念を指すというよりも，上述のような学修する際の「要点」を意味している．

本シリーズの特徴を下記に示す.

1) 科目ごとに,修得のポイントとなる重要な項目・概念などをわかりやすく記述する.
2) 「要点」を網羅するのではなく,理解に焦点を当てた記述をする.
3) 「内容は高く」,「表現はできるだけやさしく」をモットーとする.
4) 高校で必ずしも数式の取り扱いが得意ではなかった学生にも,基本概念の修得が可能となるよう,数式をできるだけ使用せずに解説する.
5) 理解を補う「専門用語,具体例,関連する最先端の研究事例」などをコラムで解説し,第一線の研究者群が執筆にあたる.
6) 視覚的に理解しやすい図,イラストなどをなるべく多く挿入する.

本シリーズが,読者にとって有意義な教科書となることを期待している.

『化学の要点シリーズ』編集委員会
井上晴夫(委員長)
池田富樹　伊藤　攻　岩澤康裕　上村大輔
佐々木政子　高木克彦　西原　寛

まえがき

19世紀末にRöntgenによって初めてX線が発見されて以来,X線光源の進歩は目覚ましく,X線を用いた数々の重要な研究が行われてきた(第2章).X線光源の進歩は,加速器から放射されるシンクロトロン放射光(以後,放射光)発生技術の進歩と切っても切れない関係にあり,物質科学,生命科学などの研究分野において放射光は不可欠なツールとなっているといっても過言ではないだろう.本書では,物質科学におけるX線分光の基礎と応用について解説する.とくに,X線分光の基礎的な事項からスタートし,その応用として時間分解モードでのX線分光計測法を重点的にカバーしている点に特徴がある.また,X線分光と密接な関係にあるX線散乱・回折についても第4章で適宜説明を加えている.

赤外から可視,紫外域での時間分解分光計測は長い歴史をもち,これまでに気相,液相,固相のダイナミクス計測に広く利用されてきた.これに対して,紫外光よりさらに波長が短く,エネルギーの高い,真空紫外からX線のエネルギー領域では,その"扱いにくさ"からか,時間分解モードでの計測は,これまでそれほど一般的ではなかったように思われる.しかしながら,近年の放射光やX線自由電子レーザーの利用技術の進歩や,超短パルスレーザーによる高調波発生技術の進歩などから,従来の赤外,可視,紫外域での時間分解分光計測とほぼ同様な,フェムト秒〜ピコ秒の時間域で,真空紫外からX線域での分光計測が可能となってきた.後述するように,X線はそのエネルギー(波長)域に対応して,赤外,可視,紫外光を使って得られる情報とは相補的な情報を与える.したがって,これからの物質科学者は,計測に用いる光のエネルギー域をあえて限定

せず，赤外，可視，紫外から真空紫外，X線に至る広いエネルギー域での時間分解分光計測を相補的に行うことによって，対象とする物質からさまざまな有益な情報を引き出すことが可能になるだろう．本書がその一助となれば幸いである．

目　次

第 1 章　X 線分光とは　　1

1.1　X 線と計測　　1
1.2　X 線の"扱いにくさ"の克服　　2

第 2 章　シンクロトロン放射光と自由電子レーザー　　5

2.1　シンクロトロン放射光　　7
　2.1.1　光源加速器と蓄積リング　　11
　2.1.2　挿入光源　　16
　2.1.3　ビームライン　　17
2.2　X 線自由電子レーザー　　20

第 3 章　X 線吸収分光　　23

3.1　光電子分光　　25
　3.1.1　X 線光電子分光　　25
　3.1.2　角度分解光電子分光　　29
3.2　X 線吸収微細構造　　31
　3.2.1　X 線吸収微細構造とは　　31
　3.2.2　X 線吸収　　34
　3.2.3　広域 X 線吸収微細構造の原理　　37
　3.2.4　広域 X 線吸収微細構造スペクトルの解析　　40
　3.2.5　X 線吸収微細構造計測：透過と蛍光　　44
　3.2.6　X 線吸収端近傍構造による化学状態分析　　50

3.3 総電子収量法 ………………………………………… 51
　3.3.1 総電子収量法とは ……………………………… 51
　3.3.2 X線磁気円二色性 ……………………………… 53

第4章　X線散乱・回折　57

4.1 ヤングの干渉実験 ……………………………………… 57
4.2 X線散乱・回折の原理 ………………………………… 59
　4.2.1 1個の自由電子による散乱 …………………… 59
　4.2.2 1個の原子による散乱 ………………………… 62
　4.2.3 3次元結晶による回折 ………………………… 65
　4.2.4 消滅則 …………………………………………… 70

第5章　時間分解計測　73

5.1 さまざまな現象の時間スケールと適した光源の選択 … 74
5.2 時間分解計測とは ……………………………………… 77
　5.2.1 いくつかの時間分解計測法 …………………… 77
　5.2.2 放射光とパルスレーザーを組み合わせたポンプ–プローブ計測 ……………………………………………… 80
5.3 時間分解計測の例 ……………………………………… 81
　5.3.1 X線吸収分光法の時間分解計測 ……………… 82
　5.3.2 X線回折・散乱の時間分解計測 ……………… 85
　5.3.3 軟X線吸収分光の時間分解計測 ……………… 88
5.4 X線自由電子レーザーを利用する時間分解計測 …… 90
　5.4.1 X線自由電子レーザーとパルスレーザーの同期 … 90
　5.4.2 X線自由電子レーザーを活用した時間分解計測 … 91

付録A 実空間格子と逆格子の関係 ……………………… 95

付録B ポンプ–プローブ法による時間分解計測の概略と
       時間分解能 …………………………………………… 96

付録C 時間分解 XMCD-PEEM ………………………… 100

あとがき ……………………………………………………… 105

引用文献 ……………………………………………………… 107

記号一覧 ……………………………………………………… 110

索　引 ………………………………………………………… 111

第1章

X線分光とは

1.1 X線と計測

　光は粒子としての性質（粒子性）と波としての性質（波動性）を併せ持つ．このうち粒子性が顕著になるのは，光電効果である．光はエネルギー $E = h\nu$（h はプランク (Planck) 定数，ν は振動数）の光子として振る舞い，物質と相互作用して，物質中に束縛されている電子にエネルギーを与え，余剰のエネルギーをもった電子が光電子として物質から飛び出してくる．一方，波動性が顕著になるのは散乱現象である．ここでは光が波長 $\lambda = hc/E$（c は光速）の波として振る舞い，物質によって散乱される．その散乱波の重ね合わせが物質の構造情報を与える．では，X線域における光の粒子性と波動性が，物質についてそれぞれ具体的にどのような情報を与えるかを考えてみよう．

　真空紫外からX線領域の光のエネルギーは，おおよそ $10\,\mathrm{eV}$ から $100\,\mathrm{keV}$ 程度である．このエネルギーの範囲は，原子の内殻に結合した電子の結合エネルギーの範囲にほぼ等しい．内殻電子の結合エネルギーは，原子番号が大きくなるに従って大きくなる．たとえば 1s 電子の結合エネルギーに対応する K 吸収端のエネルギーを比較すると，炭素原子 (C) では $0.282\,\mathrm{keV}$，鉄原子 (Fe) では $7.112\,\mathrm{keV}$，鉛原子 (Pb) では $88.0\,\mathrm{keV}$ である．したがって，真空紫外から X 線

領域の光を使って分光計測を行うと,元素ごとの内殻電子の結合エネルギーに合わせて元素選択的な分光計測ができる点が,X線分光の最大の特徴である.この特徴は,可視,紫外域の分光計測が,おもに物質中で非局在化した価電子の結合エネルギーに対応しているのとは対照的である.後述するように,X線分光では吸収分光,発光分光,光電子分光などさまざまな計測手法が適用できるが,いずれの手法においても入射するX線のエネルギーを厳密に選択することで,物質中の注目している原子種について,その化学状態,酸化数,周辺原子種,結合距離,熱振動などさまざまな有用な情報を抽出することができる.

一方,真空紫外からX線領域の光の波長は,100 nmから0.01 nm程度である.これは,分子サイズや原子間の結合距離と同じオーダーであることから,X線は物質中の原子レベルの構造情報を与える良いプローブとなる.物質中の原子によるX線の弾性散乱はトムソン(Thomson)散乱とよばれる.物質中の複数の原子による弾性散乱の重ね合わせからなる散乱強度分布は原子間距離と原子種の情報をもつことから,この散乱強度分布の情報を基にして,物質中の原子配置に関する情報を引き出すことができる.とくに,結晶を対象としたX線回折法は,ブラッグ(Bragg)の条件を満たす特定の方位にのみ,結晶の周期構造の重ね合わせによる強い回折強度を観測することから,精密な物質構造の解析に広く用いられている.

1.2 X線の"扱いにくさ"の克服

赤外,可視,紫外域では,実験室レベルで使用できる光源があり,光の取扱いにおいては,一般的なレーザーの安全性などへの配慮が必要となる.一方,真空紫外からX線については,その取扱いにお

いて，赤外，可視，紫外光源とは異なる特段の注意が必要となる．まず 10~2,000 eV の真空紫外から軟 X 線領域の光は，物質に対する吸収係数がきわめて大きくなることから，大気中を通過するだけでその強度が大幅に減衰する．したがって，その光路や試料周辺を高真空状態に保つ必要がある．　一方，2,000 eV よりさらに高エネルギー側の硬 X 線領域の光は，逆に物質に対する透過性が高くなり，また放射線による人体への影響があるため，被曝からの防護が必要となる．当然そのような実験は，放射線管理区域の中で行われることになる．このような事情が，これまで，X 線分光計測，とくに実験に手間を要する時間分解モードでの X 線分光計測が一般的でなかった大きな理由である．しかしながら，最近ではシンクロトロン放射光施設や X 線自由電子レーザー施設において，真空紫外から X 線領域での時間分解計測のための専用ビームラインや装置が整備されるなど，時間分解モードでの X 線分光計測が実施しやすい環境が整いつつあり，国内外でさまざまな成果が報告されている．本書では，それら成果の一端も紹介する．

第2章
シンクロトロン放射光と自由電子レーザー

本章では，X 線分光のために必要となる X 線光源について述べる．初期の X 線研究の歴史は，20 世紀初頭に始まったノーベル賞の歴史でもある．X 線は，1896 年に Würzburg 大学の Wilhelm Konrad Röntgen により発見された [1]．Röntgen はこの功績により，1901 年に第 1 回のノーベル物理学賞を受賞している．1912 年には Max von Laue により結晶による X 線回折の実験が行われ，X 線の波としての性質が明らかになった．続く 1913 年には，William Henry Bragg と William Lawrence Bragg 親子が，X 線回折は原子面により反射された X 線の干渉であること（ブラッグ反射）を発見し，その後の X 線結晶構造解析の基礎を築いた．これらの功績により，Laue は 1914 年に，Bragg 親子は 1915 年に，それぞれノーベル物理学賞を受賞している．これ以外にも，Siegbahn による X 線分光法の研究（1924 年ノーベル物理学賞）や，Compton による X 線非弾性散乱（コンプトン散乱）の発見（1927 年ノーベル物理学賞）など，20 世紀初頭には数多くの重要な X 線研究がなされている．

初期の X 線研究で使用された X 線源は，クルックス管とよばれる真空放電管である（図 2.1）．クルックス管は，1870 年ごろに William Crookes らにより，真空中を飛来する負の電荷をもつ粒子，つまり電子線の存在が確認されたことから，その名がついている．彼らは，

6 第 2 章 シンクロトロン放射光と自由電子レーザー

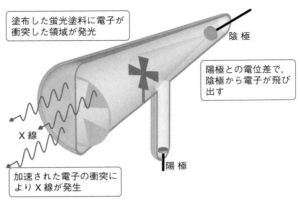

図 2.1 クルックス管による X 線の発生

陽極との電位差により陰極から放出した電子が加速され，ガラス管壁に塗布した蛍光塗料に衝突することで，蛍光塗料が発光することを確認した．後に，この衝突によって X 線が発生していることを Röntgen が発見した．

ここで発生する X 線であるが，次の 2 通りの過程がある．1 つ目は，正電荷が集中している原子核の近傍を電子が通り過ぎるとその軌道が鋭く曲げられ，その際に X 線を放射する過程である．この過程を制動放射とよび，広いエネルギー範囲にわたる白色 X 線が放射される（図 2.2(a)）．2 つ目は，蛍光塗料に衝突した電子が，蛍光塗料内部の原子に結合した内殻電子を外殻準位あるいは系外に励起する過程であり，内殻に空孔が形成される．この空孔に外殻電子が遷移し原子は安定化するが，このとき両準位の差分のエネルギーが X 線となって放出される．この過程で発生する X 線のエネルギーは原子に固有であり，エネルギー幅が狭いことから，特性 X 線（または

2.1 シンクロトロン放射光

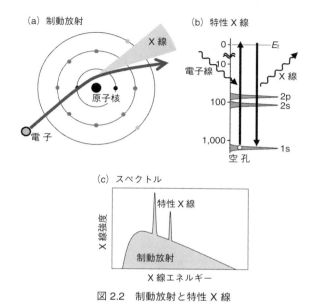

図 2.2 制動放射と特性 X 線

固有 X 線）とよばれる（図 2.2(b)）．両者は同時に観測され，発生する X 線のスペクトルは図 2.2(c) のようになる．特性 X 線のエネルギーから含有する元素の同定が可能であり，その強度からその濃度が定量される．1960 年代以降に X 線領域でのシンクロトロン放射光が実現するまで，クルックス管のような X 線管は世界最強の X 線源であった．

2.1 シンクロトロン放射光

世界最高強度の X 線源は，時代とともに X 線管から加速器をベー

8　第 2 章　シンクロトロン放射光と自由電子レーザー

図 2.3　General Electric (GE) 社の開発したシンクロトロン加速器
[J. P. Blewett: *J. Syncrotron Rad.*, 5, 135 (1998)]

スとした光源へとシフトしていく．1998 年，ニューヨークの General Electric（GE）社の研究所において，70 MeV のシンクロトロン加速器から放射される光が世界で初めて観測された（図 2.3）[2]．これにちなんで，加速器から得られる電磁放射をシンクロトロン放射光（syncrotron radiation: SR，またはそれを略して放射光，図 2.7 参照）とよんでいる．初期には，原子核実験のためのシンクロトロン加速器に付随するかたちで行われていた放射光実験は，物性研究などにおいてその有用性が徐々に認識されるようになった．1960 年代には世界各地で放射光専用リング（光速まで加速した電子集団が周回するドーナツ形の超高真空槽）の建設が計画されるようになり，1980 年代には第 2 世代放射光源，2000 年代には第 3 世代放射光源が世界中で次々と建設され，放射光源のさらなる性能向上は現在も続いている．図 2.4 は，世界および国内の放射光施設の所在地である．シンクロトロン放射光は赤外から紫外，X 線に至る非常に幅広いエネルギー領域をもち，指向性が高く高強度の光源であることが特徴であり，とくに真空紫外から X 線領域においては，他の光

2.1 シンクロトロン放射光　9

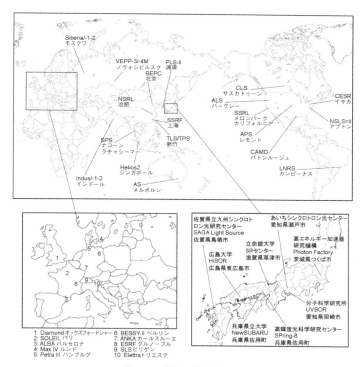

図 2.4　世界の放射光施設

源をはるかに上回る光源強度を有していることから，日本，欧米諸国をはじめ，多くの地域に建設されている．いくつかの放射光施設の外観や内観写真を図 2.5 で紹介しておく [3–5]．

ここでは，放射光の発生原理をごく簡単に説明する．荷電粒子が加減速（加速度運動）をすることによって電磁波が発生する現象を電磁放射とよぶ．たとえば，われわれの身のまわりでは，電波を発

10　第 2 章　シンクロトロン放射光と自由電子レーザー

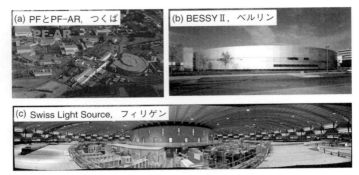

図 2.5　いくつかの放射光施設の写真
[(a) https://www2.kek.jp/imss/pf/
(b) https://www.helmholtz-berlin.de/
(c) https://commons.wikimedia.org/wiki/]　　（カラー図は口絵 1 参照）

信するアンテナの中でこの電磁放射が起こっており，そのおかげでわれわれは携帯電話を使ったり，テレビやラジオを視聴したりすることができる．シンクロトン加速器では図 2.6 のように電子が円運動しており，円中心方向に加速度を受けている．電子の速度は光速程度まで加速されているため，相対論的な効果により，電子の進行方向（円運動の接線方向）にきわめて指向性の高い光が放射される．これがシンクロトロン放射光であり，その発散角度 $(1/\gamma)$ は，次式で表される．

$$\frac{1}{\gamma} = \sqrt{1 - \frac{v^2}{c^2}} = \frac{m_\mathrm{e} c^2}{E_0} \tag{2.1}$$

v は電子の速度，c は光速であり，γ はローレンツ (Lorentz) 因子とよばれる．v が光速に近づくほど，放射光の発散角度は小さくなることがわかる．言い換えると，指向性が高くなる．γ は電子のエネルギー E_0 を $m_\mathrm{e} c^2$ で規格化した値でも表され（式 (2.1) 右辺），8 GeV

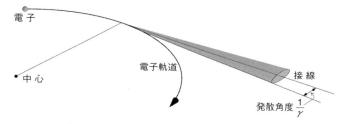

図 2.6　シンクロトロン放射光の発生と発散角度

(ギガエレクトロンボルト，10^9 eV) で運転する SPring-8 (播磨) では，$1/\gamma$ は，0.063875 mrad と非常に小さい．m_e は電子の静止質量である．

　放射光のエネルギースペクトルは赤外から X 線領域に至る広いエネルギー範囲で連続スペクトルとなることから，実験室レベルで適当な分光計測光源のない真空紫外から X 線領域では，指向性の高い放射光は分光計測に欠かせない光源となっている．以下では，放射光を発生させ利用するための装置としての光源加速器，挿入光源，ビームラインについて，さらに詳しく解説する．

2.1.1　光源加速器と蓄積リング

　放射光用の光源加速器のおもな構成要素は，電子銃，線形加速器，蓄積リングである (図 2.7)．最初に電子を発生させる重要な役割を果たすのが電子銃である．その基本的な動作原理は，クルックス管と同様に，陰極から電子を取り出し，その電子を電界で加速するというものであるが，陰極から電子を取り出すのにいくつかの方法がある．最も一般的なものは，陰極を加熱して熱電子放出により電子を取り出すタイプの電子銃で，熱電子銃とよばれる．これ以外にも，

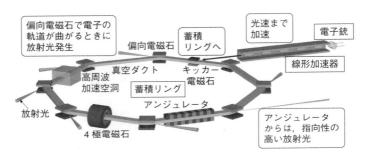

図 2.7　放射光施設の仕組み

陰極にレーザー光を照射して，光電効果で電子を取り出す光カソード型電子銃などが知られている．電子銃で取り出され初段加速を受けた電子は，線形加速器によって光速付近の速度にまで直線的に加速される．クルックス管の場合には，電子の加速には，加速部分の両端に陽極と陰極を配置した直流電場を用いており，その原理はとても単純であるが，この直流電場はより長い距離にわたって電子を光速まで加速する目的には適さない．この課題を克服したのが高周波加速空洞である（図 2.8）．この装置は直流電場ではなく交流電場によって電子を加速している．この加速方法をたとえると，坂道で玉を転がして加速する代わりに，移動する波の斜面に玉を乗せて，あたかもサーフィンのように玉を加速するようなイメージになるだろう．交流は直流と違って電場の向きが周期的に変動するので，交流電場で電子を加速するためには，電子がうまく加速されるタイミングで電子を交流電場の中に入れる必要がある．これにより，電子は交流電場の特定の位相でのみ安定に加速され，電子の集団になって加速されることになる．この電子の集団を電子バンチとよび，加速器がパルス状の放射光を発生する基礎となっている．

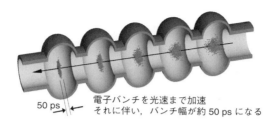

図 2.8　高周波加速空洞による電子バンチの加速のイメージ図

　線形加速器によってほぼ光速にまで加速された電子は，電磁石を利用して蓄積リングへと導かれる．蓄積リングには，電子をリング状の加速器に閉じ込めて安定に周回させるための装置および放射光を発生させるための装置が配置されている．電子をリング内で安定に周回させるために重要な役割を担うのが電磁石である．電子の軌道を曲げることによって周回軌道をつくるのが偏向電磁石とよばれる電磁石であり，2 つの磁極で電子軌道を挟み込み，ローレンツ力により電子軌道を曲げる．その概略図が図 2.9(a) である．さらに，周回する電子集団（電子バンチ）の空間的な広がりを抑えて収束させる機能をもつ 4 極電磁石，電子バンチのエネルギーの広がりを抑える機能をもつ 6 極電磁石，線形加速器から蓄積リングへの電子の入射部に用いられるキッカー電磁石など，さまざまな機能をもつ電磁石が蓄積リング内に配置されている．また蓄積リング内にも，線形加速器と同様な高周波加速空洞が設置されている．蓄積リングでは電子を安定に周回させるだけなので，電子の加速は必要ないと思われるかもしれないが，実はそうではない．蓄積リング内で進行方向と垂直な方向に力を受けて軌道を曲げられシンクロトロン放射光を発生した電子は，その分のエネルギーを失い，そのまま放ってお

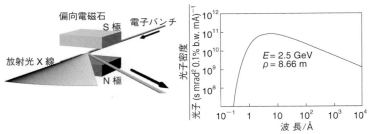

図 2.9 偏向電磁石による放射光の特徴

(a) 偏向電磁石による放射光発生の概略図.放射光は扇状に分散している.矢印は電子バンチの進行方向. (b) 放射光施設フォトンファクトリー(PF, つくば市)の偏向電磁石の放射光スペクトル.[日本物理学会 編,『シンクロトロン放射光』, p.30, 培風館 (1986)]

くと安定に周回できずに真空壁に衝突してしまう.そうならないように,電子が放射光発生によって失った分のエネルギーを補うのが,蓄積リング内に設置された高周波加速空洞の役割である.これにより,蓄積リング内の電子バンチは定常的に交流電場で加速されることになり,蓄積リングにおいても電子の集団構造を維持する.蓄積リング内の電子は,進行方向に 15 mm 程度の空間的な広がりをもち,この長さを光速 (3×10^8 m s^{-1}) で割ると,時間幅として 50 ps 程度の広がりに対応する.ここではとくに,高周波加速の周波数と蓄積リング中を電子が周回する周回周波数とは特別の関係を満たしていることを指摘しておく.前述のとおり,高周波加速空洞で電子が安定に加速されるためには,交流電場の特定の位相に乗って加速されなければならない.したがって,蓄積リングを周回してきた電子は,どの周回においても必ず同じ位相で加速される必要がある.

そのため，高周波加速の周波数と電子が蓄積リングを周回する周波数は必ず整数倍となるように蓄積リングが設計されており，この整数をハーモニックナンバーとよぶ．一般的には，高周波加速周波数は数百 MHz，周回周波数は数百 kHz〜数 MHz 程度に設定されていることが多く，ハーモニックナンバーは，100〜2,000 程度に設定される例が多い．言い換えると，このハーモニックナンバーは，蓄積リング内に安定に蓄積することができる電子バンチの数を表しており，この安定位相を"バケット"とよぶ．

放射光の発生原理で述べたとおり，上下方向に設置された電磁石による磁場中を電子が通過すると，ローレンツ力により進行方向と垂直な方向に力を受けて電子の軌道が曲げられ，この加速度運動によって電子から放射光が発生する．その最も単純な例は，偏向電磁石による放射光の発生であり，図 2.9(a) のように偏向電磁石で軌道を曲げられた電子から，扇状にエネルギーの分散した放射光が発生する．図 2.9(b) は，フォトンファクトリーの偏向電磁石におけるある条件下でのスペクトルである [6]．この放射光は，制動放射と同様にエネルギー幅が広いことがわかる．偏向電磁石では電子が水平方向に曲げられることから，偏向電磁石から得られる放射光は，光軸上では水平方向の直線偏光となる．後述するビームラインでは白色光源として利用できるし，あるいはこの一部を回折格子などの分光器により切り出して単色光源として利用することもできる．偏向電磁石は電子をリング内で周回させるために，蓄積リングの構成要素として不可欠な電磁石であるが，より多様な放射光を発生させることを目的として，蓄積リングの特定の直線部分に付加的に設置（挿入）される光源を挿入光源，その特性によりウィグラーやアンジュレータとよばれている．

2.1.2 挿入光源

図 2.10 は,図 2.7 に図示した蓄積リング直線部に設置されている磁石群(アンジュレータ)の模式図である.挿入光源は蓄積リングの直線部に設置されることから,挿入光源の入り口と出口で電子は同じ方向に進行するが,磁極が交互に異なる磁石列を配置することにより電子軌道は蛇行する.この過程で放射光が発生する.挿入光源の特性を理解するうえで K 値は重要なパラメータの一つであり,

$$K = \frac{eB_\mathrm{u}\lambda_\mathrm{u}}{2\pi m_e c} \tag{2.2}$$

で表される.K 値はアンジュレータの磁場振幅を表し,ピーク磁場 B_u と磁場周期 λ_u に比例する.図 2.11 には,K 値に依存して発生する X 線特性の違いをまとめてある.$K \ll 1$ の場合,つまり B_u か λ_u が小さい場合,電子軌道(図 2.11(a) 上段)および X 線電場の時間変化(図 2.11(b) 上段)はサインカーブになり,放射光のスペクトルは図 2.11(c) 上段のように一つのピークとして現れる.電子軌道の最大勾配は K/γ であり,放射光の発散角度は $1/\gamma$ であるため(式 (2.1)),$K \sim 1$ になると,X 線電場の時間変化は図 2.11(b) 中段のようになり,高次の X 線が発生する.これがアンジュレータに相当する.$K \gg 1$ では,つまり B_u あるいは λ_u を大きくする場合,ウィグラーとよばれ,正弦波の頂点付近で放射光を発生する

図 2.10 挿入光源(アンジュレータ)による放射光発生

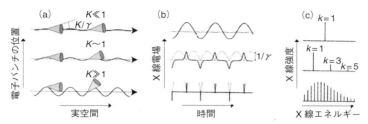

図 2.11　K 値に依存する (a) 電子軌道，(b) X 線電場の時間変化と (c) スペクトル

[大橋・平野，『放射光ビームライン光学技術入門』，日本放射光学会 (2008)]

(図 2.11(a) 下段).これにより，電場の時間変化は離散的となり（図 2.11(b) 下段），スペクトルがブロードになる（図 2.11(c) 下段）．

k 次の放射光の波長 (λ_k) の導出は割愛する（参考文献 [7] 第 2 章参照）が，

$$\lambda_k = \frac{\lambda_u}{2k\gamma^2}\left(1 + \frac{K^2}{2} + \gamma^2\theta^2\right) \tag{2.3}$$

となる．ここで，θ は電子線の入射方向に対する角度である．発生する放射光は直線偏光であるが，磁場方向が垂直である 2 組のアンジュレータを組み合わせることで電子をらせん運動させ，円偏光や楕円偏光を放射することができる．挿入光源に関しては，専門家による丁寧でわかりやすい解説記事が存在するため，X 線を利用した計測法の紹介を主眼とする本書では，詳細を省略していることをご容赦いただきたい [7]．

2.1.3　ビームライン

偏向電磁石や挿入光源で発生した放射光はビームラインに導かれ，最終的にエンドステーションにおいて放射光実験に供給される．ビー

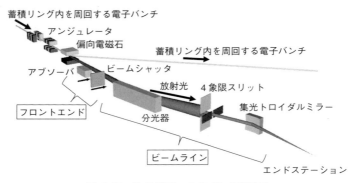

図 2.12　軟 X 線ビームラインの概略図

ムラインの構成要素を上流部から順番に見てみよう．図 2.12 は，典型的な軟 X 線ビームラインの主要構成要素の概略図である．ビームラインの上流側には，電子が周回する蓄積リングから分岐して放射光を取り出す部分，放射光の余分な熱を取り除くアブソーバと放射光をビームラインに導入するためのビームシャッタなどが配置される．これらはビームラインの前端部に位置することからフロントエンドとよばれており，ビームラインを効率よく安全に利用するために不可欠な装置群である．ビームシャッタより下流側がビームラインとよばれる部分であり，放射光をいろいろな利用目的に合わせて整形・加工するための光学系が並ぶ．光源を望みのサイズに整形するスリット，放射光を単色化し，必要な波長の放射光を必要なエネルギー幅で取り出すための分光器（モノクロメータ），放射光を平行化したり集光したりするミラーなど，多様な光学素子が開発されている．これらの光学素子を利用して，整形・加工された放射光がエンドステーションに導かれ，本書のテーマである X 線分光を初めと

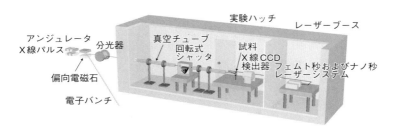

図 2.13 時間分解 X 線実験のための装置配置

して,X線回折,散乱,イメージングなどのさまざまな実験に供されている.利用したい X 線のエネルギーに応じて,アンジュレータのギャップ(式 (2.2) における B_u に関係する)および分光器の回折格子のスリット数と角度を調整する.ただし,2 keV 以下のエネルギーである軟 X 線は,大気による吸収が大きいため,蓄積リングとエンドステーションは,超高真空チューブで連結されている必要がある.

図 2.13 は,時間分解 X 線計測を目的としたビームラインの例である [8].ビームラインの基本的な構成は,前述の軟 X 線ビームラインと同じく上流から,アンジュレータ,X 線分光器,といった装置が設置されている.またこのビームラインの特徴として,時間分解計測を行うために,X 線パルスを切り出すための回転式シャッタや,試料に照射するためのフェムト秒およびナノ秒レーザーシステムが設置されている点が挙げられる.X 線パルスと励起用のパルスレーザー光の遅延時間を変化させることで,光励起状態における X 線分光計測や X 線散乱・回折計測を行うことができる.

2.1.1 項で記述したとおり,X 線パルスは 50 ps 程度の広がりを

もっているため，この時間スケールでの時間分解 X 線計測が可能となる．

2.2 X線自由電子レーザー

シンクロトロン放射光の発見以来，放射光源の高性能化は絶え間なく行われてきたが，X 線領域のレーザーを実現するには，さらなる技術革新が必要であった．その一番の問題は，X 線領域の光を増幅することの困難さにある．赤外から可視，紫外域のレーザー光源では，2 枚のミラーで挟まれた共振器の内に光を閉じ込めて反転分布をつくり，その反転分布状態から光をいっせいに誘導放出させることでレーザー光を発生する．X 線領域のレーザーの場合はどうだろうか．

前節で述べたように加速器では，アンジュレータを利用して電子から放射されるある波長の光を干渉させることで，高強度の X 線が得られる．理想的には，アンジュレータの両端にミラーを置いて光を共振器の中に閉じ込め，ここに電子を次々と入れると，電子と光の相互作用によって，電子の集団が光の波長の間隔で整列し，レーザー光の発振に至る．しかし，赤外から紫外域とは異なり，光の波長が紫外よりもさらに短くなるとミラーの反射率が低下し，X 線になると反射できるミラーが存在しなくなる．そこで，両端のミラーで光を閉じ込める代わりに，アンジュレータを十分に長くすればよいのではないか，というアイデアが登場した．これが X 線自由電子レーザー (X-ray free electron laser: XFEL) である．アンジュレータが十分に長い場合には，光と電子の相互作用で，後ろの電子が出した光の波長に合わせて前の電子バンチが次々と並ぶようになり，同位相の電子バンチができてレーザー発振に至る．このようなレーザー発

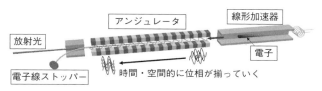

図 2.14 SASE 方式の XFEL の概略図

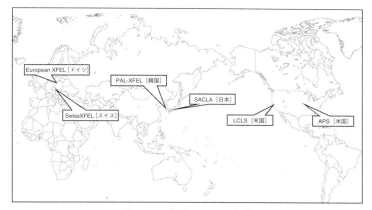

図 2.15 世界の XFEL 施設

振の方式を,自己増幅による自発放射 (self-amplified spontaneous emission) の頭文字をとって,SASE 方式とよぶ(図 2.14).この SASE 方式により,X 線領域においても位相の揃った大強度短パルスのレーザー光の発振が実現した.このような方式でレーザー発振が実現するためには,後ろの電子が出した光が届くところに前の電子がいる,すなわち進行方向の非常に狭い範囲に電子バンチが収まっている必要がある.そのため,電子バンチの狭い幅に対応して,X 線自由電子レーザーのパルス幅は数 fs(フェムト秒,10^{-15} s)から数

十 fs 程度となっており，このフェムト秒オーダーの短パルス性を活かした時間分解 X 線分光が実現している．2010 年ごろから XFEL 施設の建設が始まり（図 2.15），X 線分光装置の共同利用実験が開始されている．

5.4 節では，XFEL を光源とした計測例を紹介するとともに，特徴を存分に利用することで得られた最近の成果を紹介する．

第3章

X線吸収分光

本章と次章では，X線分光法を中心にして，X線を利用したいくつかの物性計測法を紹介する．X線を物質に照射すると両者は互いに作用し，図3.1のように透過したX線の強度は減衰している．入射X線と物質の相互作用を詳しく調べることで，その物性が明らかとなる．相互作用とはどのようなものか，また，そこからどのような情報が得られるか，が本章と次章の主題である．

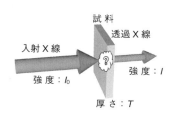

図3.1 物質とX線は相互作用する

光の吸収は物質との相互作用の一つである．図3.2に図示したように，光はさまざまなかたちで吸収される．ある物質から電子を取り出すために必要なエネルギーがイオン化エネルギーであり，このエネルギーが付与されたとき光エネルギーは光電子として放出される（光電効果，図3.2(a)）．またエネルギーはエネルギーバンド間の

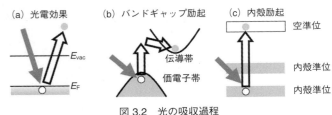

図 3.2 光の吸収過程
(a)〜(c) については本文参照.

電子励起によっても吸収される（図 3.2(b)）．半導体のバンドギャップはおおよそ 5 eV 以下に分布しており，半導体の材料により吸収帯が異なる．さらに，高エネルギーの光吸収によっても，内殻準位から最外殻の空準位への電子励起（内殻吸収）および光電子放出（イオン化）が起こる（図 3.2(c)）．

本書では，放射光を励起源とした内殻励起による吸収分光を取り扱う（図 3.2(c)）．エネルギーが 2 keV 以下である軟 X 線は，硬 X 線と比較して非弾性散乱やコンプトン散乱がひき起こされる確率が低いため，光電子分光などによる電子構造観測に利用される．光電効果を利用する X 線光電子分光（図 3.2(a)）は X 線吸収分光の基本となる現象であり，3.1 節において紹介する．一方，硬 X 線は，その波長が原子サイズ程度あることから，X 線吸収微細構造による局所的な化学状態や結晶構造解析に適している（3.2 節）．最後に，磁性研究で重要な役割を果たす軟 X 線を励起光とした総電子収量法を解説する（3.3 節）．これらの計測手法は時間分解計測へ発展し，多くの革新的な成果が得られつつある．これらについては，第 5 章で紹介する．

3.1 光電子分光

3.1.1 X線光電子分光

材料の物性を決定するのが電子状態であり,その電子状態を直接観察できる手法が光電子分光法 (photoemission electron spectroscopy: PES) である.紫外光を光源とする紫外光電子分光 (ultraviolet photoemission spectroscopy: UPS) とX線を光源とするX線光電子分光 (X-ray photoemission spectroscopy: XPS) があるが,前者は,価電子帯や比較的浅いエネルギーレベルに位置する内殻準位の計測に利用される.一方,XPSは,深い内殻準位の電子状態を調べることができる.これまでに,放射光X線の特徴であるエネルギー可変を利用し,特定の共鳴準位を励起することで酸化物高温超電導体の発現機構解明 [9] であったり,特殊なバンド分散(ディラック (Dirac) 点: E_D)をもつグラフェンのバンド構造も明瞭に観測されている(図3.3) [10].

本節では,アルミニウム (Al) を例として光電子分光法を紹介する.

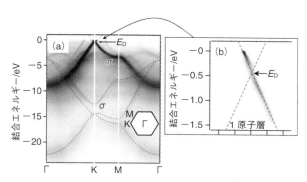

図3.3 光電子分光法により観測した単層グラフェンのバンド構造
[T. Ohta, *et al.*: *Phys. Rev. Lett.*, **98**, 206802 (2007)]

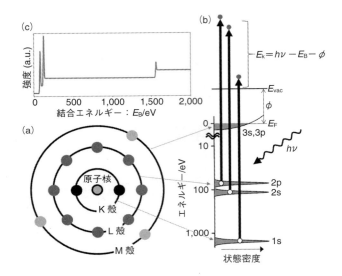

図 3.4 (a) Al の電子配置と (b) 状態密度および (c) X 線光電子分光スペクトル

図 3.4(a) は，Al の電子配置の概略図である．Al 原子は 13 個の電子をもち，K 殻（1s と 2s 軌道）と L 殻（2p 軌道）は電子に占有され，M 殻の 3 つの伝導電子は 3s と 3p の混成軌道にあり，自由電子となっている．原子核から無限遠点を，簡単にはフェルミ (Fermi) エネルギー (E_F) を 0 eV とすると，1s と 2s のエネルギー位置は，1,559 eV, 117.8 eV である．スピン–軌道相互作用によりエネルギー分裂している $2p_{1/2}$ と $2p_{3/2}$ は，72.9 eV と 72.5 eV である．これらが，原子中のそれぞれの準位から電子を取り出すために必要なエネルギーであり，束縛エネルギー，あるいは結合エネルギー (E_B) とよばれる．それぞれの内殻準位を反映した状態密度 (density of state: DOS) が図 3.4(b) において灰色で示した領域である．このような電子状態の詳細な解析が PES の得意とするところである．

まず，特定の内殻軌道の電子の光吸収を考える．入射光のエネルギー ($h\nu$) がこの内殻電子の E_B より小さい場合，束縛されている電子は量子状態において摂動されず X 線を吸収することはできない．しかし，$h\nu$ が E_B より大きい場合，電子はその量子準位から取り除かれ，最外殻準位の空状態に励起される，あるいは，真空準位 (E_vac) を超えて光電子となって脱出する．脱出した光電子の運動エネルギー (E_k) は，入射 X 線エネルギー ($h\nu$) から E_B と仕事関数 (ϕ) を差し引いたエネルギーであり，

$$E_\mathrm{k} = h\nu - E_\mathrm{B} - \phi \tag{3.1}$$

と表される．$h\nu$ は実験条件から自明であり，ϕ は表面電荷層に由来する定数であることから，E_k を計測することで，おのおのの E_B を見積もり，内殻準位の電子情報を得ることができる．なお，ϕ は真空準位 (E_vac) と E_F の差で定義される（図 3.4(b)）．

励起光源のエネルギー $h\nu$ を十分大きい値に固定し，検出する光電子のエネルギーを順に走査していくと，図 3.4(c) のような光電子分光スペクトルが得られる．おのおののエネルギー準位から放出される光電子は量子力学的な効果で干渉し，ピークとして現れる．

代表的な 2 種類の光電子分光装置を図 3.5 に図示する．図 3.5(a) は，半球型のエネルギーフィルターである．検出したい光電子のエネルギー (参照電圧，V_ref) とそのエネルギー幅 (パスエネルギー，V_pass) を設定し，外側と内側の半球にそれぞれ ($V_\mathrm{ref} + V_\mathrm{pass}/2$) と ($V_\mathrm{ref} - V_\mathrm{pass}/2$) の電位差を印加する．低エネルギーの光電子は内側の半球に，高エネルギーの電子は外側の半球に衝突・消滅し，その間のエネルギーをもつ光電子のみが検出器に到達する．V_pass を

28   第3章 X線吸収分光

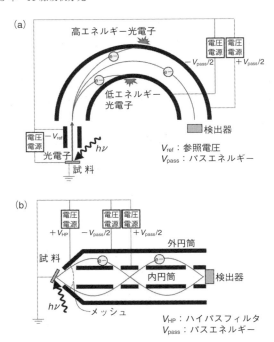

図 3.5　代表的な光電子分光装置の概略図
(a) 半球型．(b) 筒型．(a), (b) の検出原理については本文参照．

固定し，V_{ref} を走査することで光電子スペクトルが取得できる．他方，図 3.5(b) は筒形のエネルギーフィルタである．この装置では，メッシュタイプのハイパスフィルタ (V_{HP}) も備えており，上記の半球型アナライザーと同様，内側と外側の筒に電位差があり，光電子や電子のエネルギーを選択して検出できる．

3.1.2 角度分解光電子分光

次に光電子分光を拡張した,角度分解光電子分光 (angle resolved photoemission spectroscopy: ARPES) について解説する.前節の光電子分光は,k 空間の深さ方向のエネルギー準位を測定しているが,ARPES では,面内方向の分布(分散)も観測できる.電子状態を直接的に,3 次元的に観測できる ARPES は,多くの未知の材料の物性解明に貢献してきた.

ARPES により得られる 3 次元の k 空間の電子状態と PES により得られる DOS の関係を 1 次元原子鎖を例に挙げ解説する.図 3.6 は,水素原子を十分大きな半径をもつ円周上に配列したモデルであり,局所的には直線状に配列しているとして扱える.原子鎖は周期的なポテンシャル $V(x)$ を形成しており,電子はそのポテンシャル中に存在する.これら電子の状態を求めるためのシュレディンガー (Schrödinger) 方程式は,

$$\frac{\mathrm{d}^2 \Psi(x)}{\mathrm{d}x^2} + \frac{2m_\mathrm{e}}{\hbar^2}(H_\mathrm{R} - V(x))\Psi(x) = 0 \quad (3.2)$$

と書くことができる.ここで,$\Psi(x)$ は電子の波動関数,m_e は電子の質量,H_R は自由電子の運動エネルギーである.この周期的境界条件を満たす波動関数 $\Psi(x)$ は,以下のようになる.

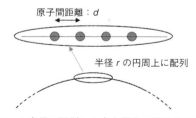

図 3.6 1 次元に配列した水素原子の原子鎖の模式図

$$\Psi_k(x) = \exp(ikd) u_k(x+d)$$
$$u_k(x+d) = u_k(x) \tag{3.3}$$

ここで,d は原子間距離を表し,u_k は波数が k のときのブロッホ (Bloch) 関数である.周期場中の電子のハミルトニアンは,H_R と電子が感じるポテンシャルエネルギー ($\Delta V_R(x)$) の和であり,式 (3.4) で定義される.

$$H = H_R + \Delta V_R(x) \tag{3.4}$$

ここで,電子を強く原子に束縛されているモデル (tight binding model) として扱うと,右辺第 1 項は,第 2 項と比較して十分小さくなる.周期場内のエネルギー期待値 ($E(k)$) は,

$$E(k) = \frac{\langle \Psi(x)^* | H | \Psi(x) \rangle}{\langle \Psi(x) \Psi(x) \rangle} \tag{3.5}$$

であり,重なり積分は距離に対して指数関数的に減少するため,隣に位置する原子のみを考慮すれば十分である.ある原子内および隣のサイトとの重なり積分値をそれぞれ,

$$E_0 = \langle \phi(x) | \Delta V_0 | \phi(x) \rangle$$
$$E_1 = \langle \phi(x) | \Delta V_0 | \phi(x \pm R) \rangle \tag{3.6}$$

とすることで,バンド分散は以下の式で表され,図 3.7(a) のようになる.

$$E(k) = E_0 + 2 E_1 \cos(kd) \tag{3.7}$$

バンド分散を k で微分し,その逆数が DOS であるため,DOS は図 3.7(b) で表される.

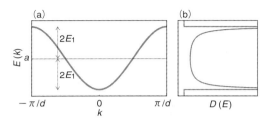

図 3.7 図 3.6 の水素原子鎖のバンド分散 (a) と DOS (b)

3.2 X 線吸収微細構造

3.2.1 X 線吸収微細構造とは

X 線吸収微細構造 (X-ray absorption fine structure: XAFS) とは，X 線を光源として得られたスペクトルにおいて，内殻結合エネルギー近傍，およびそれより大きなエネルギー領域に現れる固有のスペクトル構造である．XAFS は，おもに原子サイズの波長をもつ X 線を利用する計測手法であることから，スペクトル形状から，電子状態，局所的な構造（配位数や原子結合距離）などの原子レベルの情報を直接観測することができる．XAFS スペクトルは，X 線吸収端近傍構造 (X-ray absorption near edge structure: XANES) と広域 X 線吸収微細構造 (extended X-ray absorption fine structure: EXAFS) の 2 つに大別される．前者は吸収端エネルギーから約 50 eV 上部のエネルギーまで，後者はそれより上部の約 1 keV までのエネルギー領域で分けられる（図 3.8(a)）．XANES は内殻から価電子帯への励起が起源であり（図 3.8(b)），価電子帯の電子状態（価数や酸化状態）を観測することになる．一方，EXAFS は吸収原子から発生する光電子波の周辺原子による散乱を観察すること

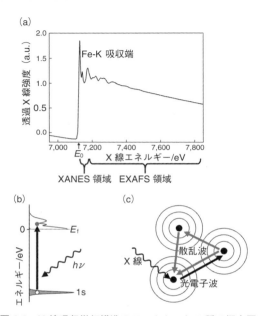

図 3.8 X 線吸収微細構造のスペクトルと 2 種の概念図
(a) FeO の XAFS [XAFS データベース http://cars.uchicago.edu/xaslib/search/Fe の登録データを使用], (b) XANES の概念図, (c) EXAFS の概念図.

となり（図 3.8(c)），近接する原子までの距離，配位数および配位元素種などを決定するために使用される．図 3.8(a) は，酸化鉄 (FeO) の XAFS スペクトルであり [11]，入射 X 線の光子エネルギーを走査していき，その強度で規格化した透過 X 線の強度をプロットしている．FeO の Fe–K 端近傍の XAFS は Fe 1s 電子準位 (7,112 eV) に起因する透過強度の急激な上昇と，吸収端から高エネルギー側に観測される振動構造によって構成されている．

3.2 X線吸収微細構造

すべての原子は内殻電子をもち，原理的には周期表のすべての元素について XAFS を計測することができる．加えて，XAFS 計測は結晶性が要求されない構造計測法であるため，溶液を含む非結晶性材料，およびアモルファス材料においても局所構造を計測することが可能である．また，感度の高い検出器を利用して XAFS を計測すれば，ドープ元素や不純物元素などの試料中の希薄な元素についても，その化学的および物理的状態を元素選択的に直接計測することが可能となる．

放射光技術および放射光を利用する計測技術の発展に伴い，XAFS 計測は比較的容易に行うことができるようになり，今日においてもその利用分野を大きく広げてきている．非破壊で元素選択的に化学状態および局所原子構造を決定することができるため，現在では生物学，環境科学，触媒研究，物質科学などの幅広い科学分野で日常的に利用されている．また，先端的な XAFS の計測手法には，化学反応プロセス過程に対する超高速計測，ナノレベルの高空間分解能で元素種・化学状態を識別するイメージング計測，高温度・高圧力といった極限環境化における計測などがあり，高度な X 線実験技術によって多様な試料条件の計測ができるようになっている．

XAFS の計測は比較的簡単であり，基本的な現象はよく理解されている．しかし，その計測結果を完全に分析して理解することは必ずしも単純ではなく，現在も正確な理論的解釈の積極的な研究が行われている．しかしながら，近年では XAFS の解析，および理論分析ツールは大幅に進歩しており，一般的な解析においては，XAFS の実験初心者でも正確な解析結果を得ることが可能となっている．この節では，XAFS の起源，高品質の XAFS 計測，データ解析およびその解釈について紹介する．X 線実験についての経験がなくても，大学学部レベルの化学と物理の知識があれば理解できる内容になっ

ている.また,本解説に加え,国内の放射光施設においてはXAFS講習会が頻繁に開催されているので,ぜひそれらに参加し,実際に計測とデータ解析を体験することで,理解をさらに深めていただきたい.

3.2.2 X線吸収

図 3.8(a) に FeO の吸収スペクトルを図示したように,入射 X 線のエネルギーが内殻電子の結合エネルギーに等しい場合,吸収の急激な上昇が観測される.これが内殻準位から最外殻空準位への電子遷移に対応する内殻吸収端である.すべての元素が固有の吸収端をもっているため,つまり,内殻準位の電子が固有の結合エネルギーをもっているため,吸収スペクトルの形状(構造)は,元素ごとに異なる.多くの金属元素の吸収端エネルギーは 1 keV から 100 keV の間にあり,既知の値として取り扱うことができるため,吸収スペクトルから含有元素を確認することができる.図 3.9 には,例として,酸素,鉄,銀,および白金の吸収スペクトルを表示した.それぞれの元素の K,L および M 吸収端エネルギーが異なることがわかる.XAFS では,この内殻吸収端近傍におけるエネルギーに依存した吸収係数 $\mu(E)$ の強度を調べることになる.

物質による光の吸収係数 (μ) は,ランベルト・ベール (Lambert-Beer) の法則で以下のように定式化されている.

$$I = I_0 \exp(-\mu T) \tag{3.8}$$

図 3.1 を参考にすると,I_0 は試料に入射する X 線強度,T は試料の厚さ,I は試料を透過した X 線強度である.また,X 線強度は X 線光子の数に比例する.このように試料を透過させて μ を計測する透過型 XAFS は最も一般的な XAFS 計測法である.μ は,X 線のエ

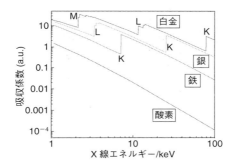

図 3.9 酸素，鉄，銀，および白金の 1〜100 keV のエネルギー範囲における X 線吸収スペクトル

ネルギー領域において，試料密度 (ρ)，原子番号 (Z)，原子質量 (A) および X 線エネルギー (E) に依存する以下の式で表される．

$$\mu \propto \frac{\rho Z^4}{AE^3} \tag{3.9}$$

Z^4 依存性のため，たとえば周期表の周期が異なると，その元素の吸収係数は数桁大きく異なることになる．したがって，X 線のエネルギーを調節することで，ほぼすべての試料の厚さと濃度に対して，異なる元素に強いコントラストをつけることが可能となる．

次に，光吸収によってどのような現象が物質内で起こり，実験的に何を観測するのか，解説していく．光吸収後の原子は励起状態にある（図 3.10(a)）．このとき，励起された電子が存在していた内殻軌道には空準位（コアホール）が生成される．励起状態から定常状態へ戻るまでには，おもに 2 つの電子遷移過程がある．1 つ目は X 線蛍光過程であり（図 3.10(b)），より高いエネルギーの電子が内殻軌道のコアホールに緩和する際に，準位間のエネルギー差に相当す

36 第 3 章 X 線吸収分光

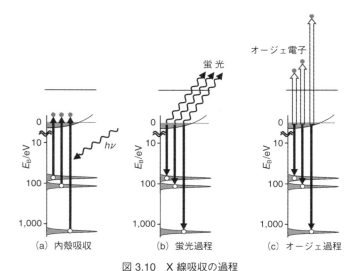

図 3.10　X 線吸収の過程
(a) 内殻吸収によるコアホールの生成，(b) 外殻電子のコアホールへの緩和による蛍光 X 線の発生，(c) 緩和によるオージェ電子の放出．

る X 線を放出する．この放出される X 線蛍光のエネルギーは元素固有であるため，試料内の原子を同定し，その濃度を定量化するために使用することができる（図 2.2(c) 参照）．2 つ目の緩和プロセスは，励起電子が内殻軌道のコアホールに緩和する際に，そのエネルギーを使って原子に束縛されている電子を試料外に放出するオージェ (Auger) 過程である（図 3.10(c)）．硬 X 線領域（$> 2\,\mathrm{keV}$）では，蛍光過程が優先的に起こるが，軟 X 線領域ではオージェ過程が支配的となる．XAFS 計測では，オージェ電子を計測する電子収量 XAFS よりも，蛍光 X 線を計測する蛍光 XAFS のほうが一般的である．

3.2.3 広域X線吸収微細構造の原理

ここでEXAFS計測において何を観測しているのか理解するめに，その原理を簡潔に記述しておく．3.1節では，光電子放出による分光計測を紹介したが，EXAFSスペクトルに現れる振動構造の起源は，特定の元素による特定のエネルギー準位の光吸収により光電子波が固体内，あるいは分子内を伝搬し，他の原子により散乱され，それらと干渉することである（図3.11）．それゆえ，振動構造を解析することで，固体・分子の情報を抽出することができる．最もシンプルな，ある元素のK吸収端によるX線の吸収，最近接原子のみからの散乱（1回散乱）過程を図3.11に示す．

図3.11は，光（X線）を吸収した原子Aが光電子波を発生し，それが原子Bにより散乱され，原子Aに戻ってくる様子を表している．ここで，X線と原子との相互作用を表すハミルトニアンを H' とすると，X線の吸収係数 (μ) を表すフェルミの黄金律は，

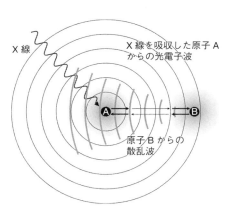

図3.11 ある元素の散乱過程
X線を吸収する原子Aから伝搬する光電子波が原子Bにより散乱される．

$$\mu \propto \sum_{f} |\langle \Psi_f | H' | \Psi_i \rangle|^2 \tag{3.10}$$

で与えられる．ここで，Ψ_i と Ψ_f は始状態と終状態の波動関数であり，始状態のエネルギー (E_i) と終状態のエネルギー (E_f) の関係は，$E_f - E_i - h\nu = 0$ である．X 線と系との相互作用が弱い場合，つまり，1 つの光子を吸収することにより遷移した電子が周りの電子の影響を受けない，および，与えないと仮定すると，一電子近似が適用でき，H' は，

$$H' = -\frac{e}{m_e c} \vec{A}(\vec{r}) \cdot \vec{p} \tag{3.11}$$

と書ける．ここで，$\vec{p}$ は電子系の運動量，$\vec{A}(\vec{r})$ は位置 $\vec{r}$ における X 線のベクトルポテンシャルである．

X 線の波長は，内殻電子の電子雲（波動関数の広がり）と比較して十分大きいため，吸収係数 μ は双極子近似により，フェルミの黄金律として，

$$\mu \propto \sum_{f} |\langle \Psi_f | \hat{\vec{e}} \cdot \vec{r} | \Psi_i \rangle|^2 \tag{3.12}$$

と書き直せる．系固有で既知である波動関数 Ψ_i は，動径部分 ($R_{l0}(r)$) と角度部分 ($\Omega_{l0}(\hat{\vec{r}})$) に分けて，

$$\Psi_i = R_{l0}(r) \Omega_{l0}(\hat{\vec{r}}) \tag{3.13}$$

となる．$\hat{\vec{e}} \cdot \vec{r}$ は，球面調和関数により

$$\hat{\vec{e}} \cdot \vec{r} = r \left(\sqrt{\frac{2\pi}{3}} \sin\theta_0 (Y_{1,-1}(\hat{\vec{r}}) - Y_{1,1}(\hat{\vec{r}})) + \sqrt{\frac{4\pi}{3}} \cos\theta_0 Y_{1,0}(\hat{\vec{r}}) \right) \tag{3.14}$$

であり，$Y_{1,0}$, $Y_{1,1}$, $Y_{1,-1}$ は，それぞれ，

$$Y_{1,0} = \sqrt{\frac{4\pi}{3}} \cos\theta$$

$$Y_{1,1} = -\sqrt{\frac{3}{8\pi}} \sin\theta \exp(i\Psi) \quad (3.15)$$

$$Y_{1,-1} = \sqrt{\frac{3}{8\pi}} \sin\theta \exp(-i\Psi)$$

である.

終状態 (Ψ_f) は,原子 A から飛び出していく光電子波と原子 B から跳ね返ってくる光電子波の和であり,光電子波が両原子のポテンシャルを超えていくときの位相シフト,また,ポテンシャル外では平滑なポテンシャルであると仮定するマフィンティン (Muffin-Tin) 近似と光電子波の平面波近似から得られる定数 X により,

$$\Psi_\mathrm{f}(\vec{r}) = R_{l0}(\Omega_l(\hat{\vec{r}}) + XY_{1,0}(\hat{\vec{r}})) \quad (3.16)$$

が導出できる [12]. ここで X は,

$$X = \frac{3}{2\sqrt{2}} i(-1)^{l+1} \frac{\exp(2ikR)}{kR^2} f_\mathrm{B} \exp(i(\delta_l^\mathrm{A} + \delta_l^\mathrm{A})) \quad (3.17)$$

である.

μ_0 を孤立原子の吸収係数とし,XAFS 関数 $\chi(k)$ が以下で定義されるので,

$$\chi(k) = \frac{\mu - \mu_0}{\mu_0} \quad (3.18)$$

EXAFS 振動を表す基本となる式は,

$$\chi(k) = -\frac{3\cos^2\theta_0}{kR^2} \mathrm{Im}\left[f_\mathrm{B}(\pi) \exp(2ikR + 2i\delta^\mathrm{A} l)\right] \quad (3.19)$$

となる. ここでは X 線エネルギーを,距離の逆数の次元をもつ光電

子の波数である k に変換している．

$$k = \frac{2m_e(E-E_0)}{\hbar^2} \tag{3.20}$$

E_0 は吸収端エネルギー，m_e は電子質量である．

実際の EXAFS 振動解析には，多種原子の配位，多体効果の補正，電子の非弾性散乱，原子の熱振動の付加的な因子を考慮する必要があり，K 吸収端における EXAFS 振動関数は，最終的に，

$$\chi(k) = S_0^2 \sum_j \frac{N_j F_j(k)}{kR_j^2} \exp\left(-2k^2\sigma_j^2\right) \sin\left(2kR_j + \phi_j(k)\right) \tag{3.21}$$

と書ける．ここで，N_j は配位数，R_j は結合原子までの距離，σ_j は散乱原子の距離の揺らぎの大きさ（デバイ・ワーラー (Debye-Waller) 温度因子），S_0^2 は多体効果による因子である．EXAFS 方程式はいく分複雑だが，後方散乱強度 $F_j(k)$ と位相シフト $\phi_j(k)$ を知ることで，N_j，R_j，σ^2 を求めることができる．さらに，これらの散乱係数は隣接する原子種にも敏感である．

3.2.4 広域 X 線吸収微細構造スペクトルの解析

図 3.8(a) は FeO の XAFS スペクトルであり，7,112 eV の Fe–K 吸収端より上部のエネルギーで振動構造が見られる．この複雑な振動構造は，前項で述べたとおり，X 線吸収原子の周辺で異なる距離に位置する異なる原子種からの散乱の重ね合わせ（干渉）によるものである．EXAFS 解析では，それら原子のうち吸収原子からの距離の近い順に原子種を選択し，N，R と σ を導出する．ここでは，EXAFS 振動からどのような情報が抽出できるのか，実際の解析プロセスに従いながら解説する．EXAFS スペクトル解析のおおまか

な流れは，以下のようになる．

● **EXAFS 解析の手順**

[手順1] バックグラウンドによる規格化

[手順2] エネルギー E を波数 k に変換 $(\mu(E) \to \chi(k))$

[手順3] k の累乗との積で振動構造を強調 $(\chi(k) \to k^x\chi(k))$

[手順4] R 空間（実空間）へフーリエ (Fourier) 変換 $(k^x\chi(k) \to \chi(R))$

[手順5] $\chi(R)$ から解析する範囲（吸収原子からの距離に応じた散乱原子）を選択．$\text{Re}[\chi(R)]$ も併せて EXAFS 関数でフィッティング

[手順6] フーリエ変換により波数空間へ戻し，$k^x\chi(k)$ と比較 $(\chi(R) \to k^x\chi(k))$

[手順7] [手順5] で得たパラメータを参考にし，解析範囲を拡張し（原子種を増やし），[手順5] と [手順6] を繰り返す．

図 3.8(a) と図 3.9 からわかるように，吸収端での X 線吸収強度の増加や振動構造は，入射 X 線のエネルギー E に従い一様に減衰するバックグラウンド上に現れる．[手順1] では，このバックグラウンドを差し引くことになる．図 3.8(a) において，式 (3.9) に従い E に対して減衰する透過光強度の規格化と吸収端での強度の増加をバックグラウンドとして差し引き [手順1]．次に，式 (3.22) により E を波数 k に変換することで図 3.12(a) が得られる [手順2]．

$$k = \sqrt{\frac{2m_\text{e}(E-E_0)}{\hbar^2}} \qquad (3.22)$$

ここで，E_0 は吸収端エネルギーであり，吸収端での吸収の立ち上がり部分から適切な値を選択する（図 3.8(a) 参照）．

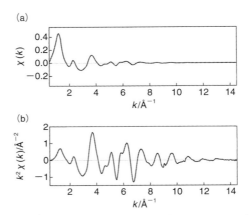

図 3.12 EXAFS 解析の [手順 1] および [手順 3] による結果
(a) 図 3.8(a) から抽出した FeO の EXAFS スペクトル，(b) (a) を k^2 で重み付けにより振動構造を強調．

振動構造は k に依存して減衰する．その振動構造を強調するために，通常，k^2 または k^3 を乗算して重みを付けて表示する．k^2 で重み付けした $k^2\chi(k)$ が図 3.12(b) であり，この重み付けにより十分に振動構造が確認できるようになる [手順 3]．

式 (3.21) から，最近接原子からの散乱のみ（1 回散乱）を考慮して解析する．FeO は単純立方構造であり，X 線吸収原子である Fe と最近接原子種である O との距離は約 2.1 Å 程度である（図 3.13(a)）．図 3.12(b) を波数 k に対してフーリエ変換することで，距離 R の関数，図 3.13(b) の $\chi(R)$（破線，上）を得る [手順 4]．この過程で得られたフーリエ変換の実部 $\mathrm{Re}[\chi(R)]$（破線，下）も合わせてプロットしておく．これら 2 つの曲線に対し，図中に示した解析範囲で，EXAFS 関数（式 (3.21) のフーリエ変換の結果）でフィッティング

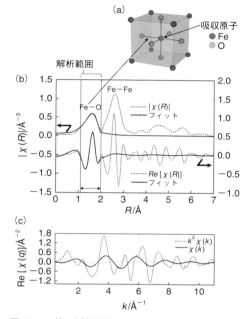

図 3.13　第一近接原子のみを用いた EXAFS 解析
[手順 4]〜[手順 6] を示す． (a) 原子配置，(b) 図 3.12(b) のフーリエ変換，
(c) 逆フーリエ変換．

し，その結果が 2 つの実線である [手順 5]．フィッティングの際に
結晶構造のパラメータを初期値として取り込んでおく．ここで，解
析範囲は，$\chi(R)$ の R が最も小さい値にある 1.6 Å 付近に頂点をも
つ構造をカバーするように選択している．これが，最近接原子の散
乱への寄与であり，式 (3.21) の位相の項 ($\phi_j(k)$) により，Fe−O に
対応するピークの位置は原子間距離 2.1 Å より短くなっている．こ

れにより，第一近接原子の N, R, σ^2 を得る．このフィッティング結果をフーリエ変換により，k 空間に戻す [手順 6]．図 3.13(c) には，図 3.12(b) の $k^2\chi(k)$ を破線で，上記の逆フーリエ変換の結果を実線でプロットした（q 空間）．これらの整合性は良いとはいえず，次のステップが必要となる．ただし，ここで得られたフィッティングパラメータ，N, R, σ^2 は次のステップで必要となる．

次に，第二近接原子 (Fe) まで解析範囲を広げる [手順 7]．ここでは，第一近接 O と第二近接 Fe に由来する式 (3.21) を足し合わせることになる．図 3.14(b) に破線でプロットした 2 つの曲線は，図 3.13(b) のものと同じである．ただし，解析範囲を $\chi(R)$ の 2 つ目のピークをカバーするように選択している．上記と同様のプロセスによって得られた逆フーリエ変換の結果が，図 3.14(c) であり，$k^2\chi(k)$ との整合性が良くなっていることがわかる．以上のように，EXAFS 解析により X 線エネルギーにより選択した原子種を基準とし，その周辺に位置する原子の種類，距離，デバイ・ワーラー因子を導出することができる．第三，第四近接原子へと解析範囲を増やしていくと，フィッティングパラメータが増加していき，解析はさらに複雑となる．なお，本書において，XAFS データの取り扱いはフリーソフトである Athena [13] と Artemis [14] を使用している．それらの詳しい解説は WEB で公開されているので，そちらを参照されたい．

3.2.5 X 線吸収微細構造計測：透過と蛍光

XAFS は全吸収のわずかな成分であるため，$\mu(E)$ スペクトルのシグナル/ノイズ比（シグナルの大きさとノイズレベルの大きさの比，S/N 比）が小さいと XAFS のデータの質が下がり，それは解析後の精度にも影響する．したがって，XAFS 計測では $\mu(E)$ を高い精度で計測することが要求される．そこで必要となるのが，広範囲

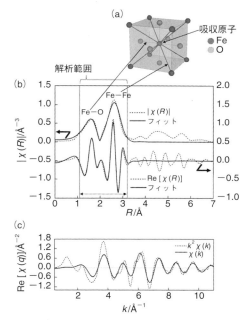

図 3.14 第二近接原子まで含んだ EXAFS 解析
[手順 7] の結果を示す．(a) Fe－O, Fe－Fe の原子配置，(b)，(c) については本文参照．

で光子エネルギーが連続的に走査でき，なおかつ安定した強度で，位置揺らぎの少ない放射光 X 線である．シリコン単結晶によるブラッグ回折を利用した X 線分光器は，10 keV の X 線エネルギーにおいて XAFS 解析には十分な $\sim 1\,\mathrm{eV}$ のエネルギー分解能を達成することが可能である．

図 3.15 が XAFS の簡便な実験レイアウトであり，一般的に透過型 XAFS では，2 つのイオンチャンバーを利用して，X 線が試料を

46 第 3 章 X 線吸収分光

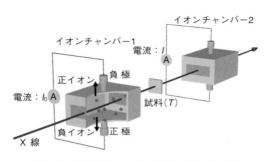

図 3.15 透過法における XAFS 計測の概念図

透過する前後の X 線強度 (I_0 と I) を計測する.イオンチャンバーは不活性ガスで満たされた平行平板電極で構成されている.平板間を通過した X 線ビームによって不活性ガスはイオン化し,平板間に印加された高電圧によってイオンはが電極に捕獲されるため,その流れ込んだ電荷量を計測することで X 線強度を知ることができる.

一般的に濃縮試料(対象元素が主要成分である試料),もしくは吸収元素濃度が 10% 以上の試料の場合,透過法で計測される.$T = \log(I/I_0)$ において,試料の厚さ T を吸収端より上のエネルギーで $\mu \sim 2.5$ 程度,また吸収端の前後で $\Delta\mu(E)T \sim 1$ 程度に調整すると XAFS の S/N 比を一番良い条件で計測することができる.たとえば Fe 金属の場合,$T = 7\,\mu\text{m}$ でこの条件を満たす.多くの固体金属酸化物では,T は数十 μm の範囲であり,希薄溶液の場合には,T は mm のスケールとなる.透過計測においては,適切な厚さが要求されることに加えて,厚さを均一になるように調整すれば,$\mu(E)$ を正確に計測することはそれほど困難ではない.粉末試料などで試料厚さを調整する場合は X 線の吸収が少ない窒化ホウ素などと適切な比で均一に混ぜ合わせ,プレス機を用いて錠剤にすること

3.2 X線吸収微細構造　47

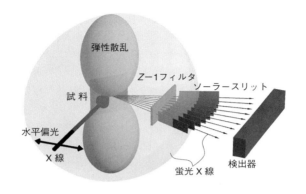

図 3.16　蛍光法における XAFS 計測の概念図

で，良質なスペクトルを測定することができる．

　一方，X線の透過量が少ない厚い試料，もしくは吸収元素が低濃度でありX線の吸収量が少ない試料については，蛍光法による計測が用いられる（図 3.16）．X線が試料に入射すると，計測すべき吸収元素からの蛍光線のほかに，試料中の他の元素からの蛍光線や，弾性および非弾性散乱X線が試料から放出される．

　測定元素からの蛍光線以外のバックグラウンド成分を取り除くために，蛍光XAFSでは，立体角とエネルギー分解能を考慮して計測を行う．まず，蛍光は試料から等方的に放出されるので，検出器に取り込む立体角を大きくして，できるだけ多くの利用可能なシグナルを収集することが重要である．ここで弾性散乱と蛍光の空間的な切り分けを考えてみる．放射光X線は水平偏光であるので，水平面内において入射光に対して 90° 方向への散乱強度は小さい．したがって，蛍光検出器は通常，入射ビームに対して直角の位置に配置

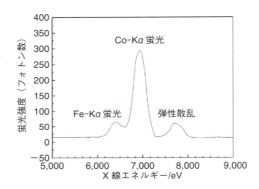

図 3.17 酸化コバルト (CoO) の K 吸収端近傍の蛍光スペクトル
SSD 検出器によるスペクトル.

する（図 3.16）.

物理的フィルタの一例として，Co 含有試料の Co–Kα 端 XAFS を計測する際には蛍光検出器と試料の間に $Z-1$ 元素である Fe が多く含まれる材料（たとえば Fe 箔）をフィルタとして配置する例を示す（図 3.17）. この Fe エネルギーフィルタは，入射 X 線エネルギーが Co–Kα 端付近にあるとき，試料からの散乱ピークを吸収し，Co–Kα 線を通過させる. イオンチャンバーのような固有のエネルギー分解能をもたない検出器であっても，物理フィルタを利用すればエネルギーフィルタリングを行うことが可能となる. この場合，Fe フィルタ自身から等方的に放射する Fe 蛍光線が検出器に入ることを避けるために，図 3.16 に示すような，スリット（ソーラースリット）によって空間的な制限を設けて，試料位置からの放射を優先的に収集し，フィルタ位置からの Fe 蛍光線放射を阻止するようにする. このような $Z-1$ フィルタとソーラースリットを用いた

配置は，重元素が多く含まれる試料中の希薄元素の計測など，散乱成分がシグナルを支配している状況で興味ある元素からの蛍光成分を優先的に取り出したい場合にとくに有効である．

エネルギー弁別は，試料から放射されるシグナルが検出器に集められた後であっても電子的に行うことができる．例として，100～200 eV 程度のエネルギー分解能をもつケイ素 (Si) またはゲルマニウム (Ge) 半導体を用いた固体検出器 (solid state detector: SSD) の例を示す．図 3.17 は SSD 検出器で検出した蛍光 X 線のフォトン数を縦軸に，横軸をエネルギーとしてプロットした蛍光スペクトルである．X 線領域の蛍光は，おのおのの元素で既知の離散的なエネルギーをもつため，SSD 検出器で計測された蛍光スペクトル自体が試料に含まれる目的種以外の元素を特定し，定量的にその濃度を評価するために有効である．興味ある元素のみの蛍光成分を用いて試料に入射する X 線のエネルギーを走査して XAFS スペクトルを計測することで，スペクトルの質を劣化させる散乱成分や，他の元素からの蛍光成分を完全に除去することができるため，SSD 検出器を用いることで ppm レベルの濃度における XAFS 計測が可能となる．

多くの利点がある SSD 検出器であるが，万能というわけではなく，いくつかの欠点もある．まず検出器に入った X 線のエネルギーを識別するにはある程度時間がかかるため，処理できるシグナルの総量が制限される．一般的に SSD 検出器はエネルギーを選別するのに 1 μs 程度要するので，1 秒間に計測できる X 線の数には制限があり，通常 $10^5 \sim 10^6$ Hz 程度で飽和する．SSD 検出器はエネルギー選別中に検出器に入ってきた X 線をカウントすることはできないので，この時間は Dead Time とよばれる．単位時間に計測できる X 線量を増やすために，試料の近くに 10～20 個の検出器を並べて並列に使用することが一般的に行われているが，検出器システム

の総価格はイオンチェンバーと比べると 100 倍以上にもなる．これらの欠点にもかかわらず，SSD 検出器の使用は，とくに希薄で異種の原子が多く含まれる試料ではきわめて有効であり，現在も絶え間なく検出器の改良が行われている．

3.2.6 X 線吸収端近傍構造による化学状態分析

XAFS では元素選択された電子状態を計測することができるため，XANES による試料の化学状態分析は材料科学分野において広く利用されている．吸収端におけるスペクトル構造を計測する XANES は EXAFS よりもはるかに大きなシグナルをもつため，吸収元素の濃度が極端に低い場合や，試料形状の制約から $Z-1$ フィルタやソーラースリットが設置できない場合でも計測を実施することが可能な場合もある．吸収過程における遷移元の内殻軌道のエネルギー分散は小さいため，スペクトル形状はおもに遷移先であるフェルミ準位より上の非占有準位の影響を受ける．しかしながら，フェルミ準位付近に異なる軌道の非占有準位が混在している場合には，各軌道への X 線遷移確率の相違から，スペクトルの解釈は難しくなる．また厳密にいうと，XANES スペクトルは基底状態の電子状態を計測しているのではなく，遷移元の内殻軌道に空孔が空いた X 線吸収過程の終状態を測定している．コアホール生成により，電子状態，結晶構造に変化が起こる場合もスペクトルの解釈は複雑となる．それでも，XANES を用いると，吸収元素の酸化数や配位環境を非破壊で決定することができるため，材料科学においては非常に有益である．図 3.18 に鉄化合物の XANES スペクトルを示す．それらのエッジの位置および形状は酸化状態，価電子状態，配位子の種類，および配位環境に敏感である．このように，XANES はそのスペクトル形状を物理的モデルによって完全に記述することは難しいが，既知の

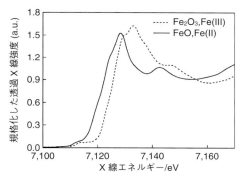

図 3.18 FeO と Fe_2O_3 の XANES スペクトル

電子状態や配位環境をもつ試料のスペクトルを参照することで，物質や状態を同定できる指紋スペクトルとして利用できる．

3.3 総電子収量法

3.3.1 総電子収量法とは

3.1 節では，X 線のエネルギーを固定し，光電子の運動エネルギーを選択して検出する光電子分光法を紹介した．本節では，入射 X 線のエネルギーを走査し，それに従い放出する光電子量を検出する総電子収量法 (total electron yield: TEY) を紹介する．

Al を対象試料とする．X 線エネルギーを走査（増大）していくと，2p, 2s, 1s の順に最外殻準位と共鳴が起こり，吸収端はピークとして観測される（図 3.4(c)）．生成した内殻準位の空孔を埋めるように最外殻の電子がエネルギーを損失し，オージェ電子を放出する（図 3.10(c)）．これにより，光照射により放出される光電子をエネル

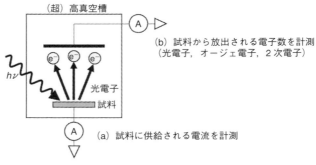

図 3.19　TEY の計測手法

ギーフィルタにより分光する必要はなく，入射 X 線のエネルギーを走査しながら放出される電子量を計測することで，吸収スペクトルが取得できる．オージェ電子の放出量は光電子放出量と比較して 2 桁程度も多く，これらは比例関係にあることから，電子状態計測に利用できる．なお，光吸収が 1 次の過程であり，オージェ電子放出は 2 次的な過程であることから，2 次電子ともよばれる．

TEY の代表的な計測方法を図 3.19 に示す．最も簡便な方法は図 3.19 の計測 (a) で，X 線照射により放出した光電子とオージェ電子はグラウンドから供給される必要があるので，その電流量を計測することである．このとき，放出された電子がふたたび試料に戻ってこないように，試料を負電位にすることが必要となる．グラウンドから供給される電子量と放出する電子量は同じであることから，図 3.19 の計測 (b) のように放出された電子量の検出でも，図 3.19 の計測 (a) と同等のスペクトルが得られる．

3.3.2 X線磁気円二色性

TEYによる代表的な計測手法であるX線磁気円二色性 (X-ray magnetic circular dichroism: XMCD) を紹介しておく.放射光X線の利用では,光子エネルギーが自由に選択できることに加え,さらなる特徴の一つが,アンジュレータを利用して精度の高い円偏光ビームを利用できることである.

1993年にStöhrらのグループは,これらの特徴を利用して,実際の磁気記録メディアに書き込まれた磁区パターンのイメージングを行った [15]. 試料は,図3.20(a)に図示したように,カーボンの保護層と有機系潤滑剤でカバーされている強磁性体CoPtCrである.図3.20(b)はTEYスペクトルであり,厚さが11 nmの被覆層に埋もれているにもかかわらず,800 eV付近にCoのL殻による吸収が観測されている.Co–L吸収端は,スピン–軌道相互作用によってL_3吸収端 (778 eV) とL_2吸収端 (793 eV) にエネルギー分裂している (図3.20(c)).試料を磁気飽和させ,入射X線を円偏光にすると磁化特性を検出することができる.試料の磁化方向を$\vec{M}$とし (図3.20(a)),入射X線のスピン偏極方向 ($\vec{\sigma}$) を$\vec{M}$に対してより平行および反平行に近い場合のCoのTEYスペクトルが図3.20(c)の実線および破線である.分裂した吸収端において,吸収強度の増減が見られる.これがXMCDである.これら2つのスペクトルの差分が図3.20(d)であり,XMCDスペクトルとよぶ.ここでは,XMCDの原理の詳細は省略するが,重要な点は,XMCDスペクトルの吸収端強度は入射X線のスピンベクトル ($\vec{\sigma}$) と試料の磁化ベクトル ($\vec{M}$) の内積に比例するため,より平行に近い場合は光電子放出量が多くなり,試料の磁化方向を検出できることである.

XMCDと光電子顕微鏡 (photoemission electron microscopy: PEEM) [16] を組み合わせることで,局所的な磁化方向が検出でき

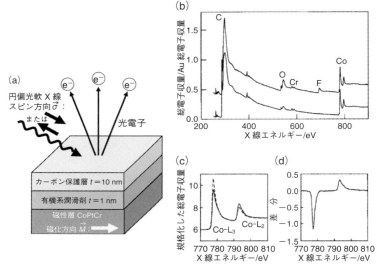

図 3.20 磁気記録メディアから検出した X 線磁気円二色性
(a) 試料と XMCD 計測の概略図. (b) TEY スペクトル. (c) 右回りおよび左回り円偏光 X 線を光源とした, Co–L 吸収端近傍の TEY. (d) XMCD スペクトル.
[J. Stöhr, *et al*.: *Science*, **259**, 658 (1993)]

る. 図 3.21 は, 図 3.20(a) に示した試料にデータを書き込んだ状態の XMCD–PEEM 像である [15]. X 線のスピン偏極方向を固定し, 光子エネルギーを吸収端より低いエネルギー (770 eV), 778 eV と 793 eV にセットしたときの, それぞれの記録ビットの磁化情報をグレイスケールで表示してある. 図 3.21(a) では, 磁気コントラストが検出されていないのに対し, 図 3.21(b) と (c) ではコントラストが反転して磁区パターンが観測されている. 図 3.21(b) の明るいコントラストの領域が $\vec{\sigma}$ により平行な $\vec{M}$ をもつ領域で, 暗いコント

磁区構造イメージ

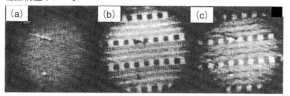

図 3.21　図 3.20(a) にデータを書き込んだ状態の磁区パターンを XMCD-PEEM 法で観察
光子エネルギー (a) 770 eV，(b) 778 eV および，(c) 793 eV の磁化情報．
[J. Stöhr, et al.: Science, **259**, 658 (1993)]

ラストの領域はその反対方向の磁化をもっていることになる．

アンジュレータを挿入光源とする放射光軟 X 線を利用することで，元素，スピン，空間分解能を利用した計測が可能となった．第 5 章では，これにさらに時間分解能を加えた計測手法を紹介する．

第4章

X線散乱・回折

前章で記述したXAFSでは，X線を粒子として電子励起に利用した．本章では，X線を波として利用する散乱・回折を紹介する．X線を利用する代表的な計測手法の一つであり，おもに結晶構造や原子配列を観測する．

4.1 ヤングの干渉実験

X線回折法を記述する前に，1805年ごろにThomas Youngが行った2つのスリットを通過する光の干渉実験を紹介する．これは光が波であることを証明するものであり，可視光を利用して観測できることから，X線回折を理解するうえで重要である波の干渉をイメージしやすい．

平行光であり，なおかつ空間的に位相のそろっている（コヒーレントな）光を2重スリットに照射する．光はそれぞれのスリットによって散乱（回折）され，相互に干渉することでスクリーン上に縞状の強度分布が現れる．図4.1は，ある具体的なスケールでの実験概略図である．スリットAおよびBにより回折した光がスクリーン上に設定したx軸上のある点Pにおける散乱波となったときの電場振幅は，それぞれ以下の式で表される．

58 第 4 章 X 線散乱・回折

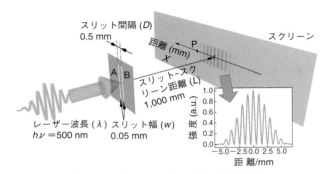

図 4.1 2 重スリットによる光の干渉実験

$$u_A = I_0 \exp(ikr_{AP})$$
$$u_B = I_0 \exp(ikr_{BP}) \qquad (4.1)$$

ここで I_0 は入射光の強度，k はその波数である．それぞれのスリット幅を w，スリット間隔を D，またスリットからスクリーンまでの距離を L とすると，スリット A および B からスクリーン上の中心を原点とする x 軸上の点 P までの距離 r_{AP} と r_{BP} は，近似的に

$$r_{AP} = L + \frac{(x - D/2)^2}{2L}$$
$$r_{BP} = L + \frac{(x + D/2)^2}{2L} \qquad (4.2)$$

と書ける．干渉した光のスクリーン上の点 P（x は P の x 座標）での強度 I_P は，光路差である式 (4.2) を式 (4.1) に代入して，両者を足し合わせたものの 2 乗であるから，

$$I_P = |u_A + u_B|^2 \qquad (4.3)$$

で表される．強度を 0 から 1 として規格化すると，

$$I_\mathrm{P} = 1 + \cos\left(\frac{2\pi D}{\lambda L}x\right) \tag{4.4}$$

となる.ここで k を $2\pi/\lambda$(λ は入射光の波長)としている.

単一スリットを透過した光の回折強度は,

$$I = \mathrm{sinc}^2\left(\frac{\pi w}{L\lambda}x\right) \tag{4.5}$$

と分布するため(フラウンホーファー (Fraunhofer) の回折),スクリーン上で観測される強度の縞模様は,式 (4.4) と式 (4.5) の積となる.図 4.1 では,λ が 500 nm,w と D をそれぞれ 0.05 mm と 0.5 mm,また,L が 1,000 mm と仮定し,想定される x 軸方向の干渉縞の強度プロファイルを図 4.1 の挿入図にデータ点としてプロットした.

X 線回折では,入射光の波長が固体中の原子間隔と同程度の硬 X 線領域の 0.1 nm オーダーなので,光は原子により散乱され,それらは干渉する.つまり,原子の配列に依存した干渉・回折パターンを形成する.

4.2 X 線散乱・回折の原理

ここでは 1 個の自由電子による X 線の散乱(トムソン散乱)から開始し,複数の電子をもつ 1 個の原子よる散乱強度分布(つまり,原子散乱因子)を導出する.次に 1 次元原子鎖からの散乱,それらが層状に配列した原子群からの散乱(ブラッグの回折)へ発展させ,最後に原子が 3 次元的に配列した結晶による X 線の回折を説明する.

4.2.1 1 個の自由電子による散乱

ある自由電子に X 線を照射すると,電子は X 線の電場振動に従い振動することで入射 X 線と同波長の X 線を発生する(制動放射).

図 4.2 電子の加速と強度の観測
点 O にある電子が入射 X 線の電場振動に追従するようにより加速され，X 線を発生する．その強度を点 P で観測する．

たとえば，10 keV の X 線の波長は 0.124 nm であり，その振動周期は 2.4×10^{18} Hz となる．この自由電子による X 線の（弾性）散乱がトムソン散乱である．X 線はすべての方向に散乱されるが，後述するようにその強度は角度に依存する．

図 4.2 において，点 O にある電子が加速度 a で振動している（図中矢印）．その加速方向に対して垂直な軸から角度 α の方向にあり，点 O から十分遠く離れた点 P において観測される同一平面内の電場強度は，マクスウェル (Maxwell) 方程式により次式となる [17]．

$$E = \frac{ea \sin \alpha}{rc^2} \tag{4.6}$$

ここで，e は電子の電荷，c は光速，r は点 O から点 P までの距離である．

これをふまえ，点 A から点 O に位置する電子に無偏光の X 線を照射したときの点 P で観測される散乱 X 線の強度を求める（図 4.3）．X 線の周期電場によって加速された電子の加速度の x 軸と y 軸方向の成分，$a_{/\!/}$ と $a_\perp$ は，

$$\begin{aligned} a_{/\!/} &= -\frac{eE_{/\!/}}{m} \\ a_\perp &= -\frac{eE_\perp}{m} \end{aligned} \tag{4.7}$$

4.2 X線散乱・回折の原理　61

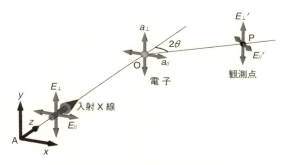

図 4.3 散乱 X 線の強度の計測
点 O に位置する電子が X 線電場により振動し，X 線を発生する．その強度を点 P で観測する．

となる．式 (4.6) と (4.7) より，点 P で観測される電場の水平成分と垂直成分は，

$$E'_{/\!/} = \frac{e^2 E_{/\!/}}{mc^2 r} \sin\left(\frac{\pi}{2} - 2\theta\right) = \frac{e^2 \cos 2\theta}{mc^2 r} E_{/\!/} \\ E'_{\perp} = \frac{e^2}{mc^2 r} E_{\perp} \tag{4.8}$$

と表される．ここで，e^2/mc^2 は古典電子半径であり，2.82×10^{-15} m である．入射 X 線強度 I_0 は，水平方向と垂直方向の電場の 2 乗の和であるので，

$$I_0 = E^2 = E_{\perp}^2 + E_{/\!/}^2 \qquad \text{ここで,}\ (E_{\perp}^2 = E_{/\!/}^2) \tag{4.9}$$

と書け，入射 X 線に対し 2θ 方向に散乱される単位立体角内の X 線強度は，

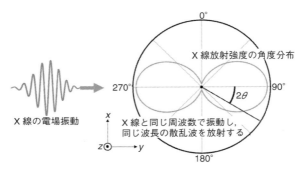

図 4.4 トムソン散乱による X 線放射強度の角度分布（式 (4.11)）

$$I_{2\theta} = \left(\frac{e^2}{mc^2}\right)^2 \frac{1+\cos^2 2\theta}{2} I_0 \tag{4.10}$$

となる．式中の

$$\frac{1+\cos^2 2\theta}{2} \tag{4.11}$$

を偏光因子とよぶ．

電子によって散乱された X 線の強度分布は，式 (4.11) により図 4.4 のように，電子を中心に 8 の字形に分布し，X 線はすべての方向に散乱されるが，その強度は角度に依存する．

4.2.2 1 個の原子による散乱

次は，複数の電子をもつ 1 つの原子による X 線の散乱である．最も軽い水素の原子核でも，その質量は電子に比べて 1,830 倍あり，原子核による散乱は無視することができる．

原子核の周りに 2 つの電子が存在する場合を想定する（図 4.5）．2 つの電子により散乱される X 線は，その入射方向への散乱（前方散乱）では散乱 X 線に光路差が生じないために位相がズレない（図

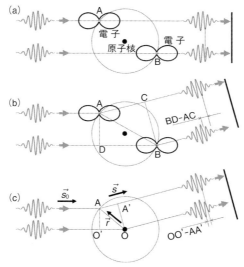

図 4.5　複数の電子をもつ 1 原子による散乱
(a)〜(c) については本文参照.

4.5(a)).つまり,散乱強度(または,電場振幅)は,散乱電子の数に比例して大きくなる.一方,図 4.5(b) のように,ある角度に散乱される X 線の強度は角度に依存し(図 4.4 参照),両者間に光路差 (BD−AC) が生じることがわかる.

実際の原子では,図 4.5(a) あるいは (b) のように電子が局在するのではなく,球対称の負電荷が雲のように分布している.つまり,原子核から距離 r にある微小領域の電子密度で議論することになる.原子の波動関数を $\phi(\vec{r})$ とすれば,ある微小体積 $(\mathrm{d}\tau)$ 中の電子数は,$|\phi(\vec{r})|^2 \, \mathrm{d}\tau = \rho(\vec{r}) \, \mathrm{d}\tau$ と表すことができる.1 個の原子からの散乱強度を記述する原子散乱因子は,原子核に電子があると仮定し,そ

この散乱強度を基準として,原子全体の散乱強度を表すことになる.図 4.5(c) のように,原子核からある密度で電子が存在する微小空間へのベクトルを $\vec{r}$ とする.入射 X 線ベクトルを $\vec{s}_0$,散乱 X 線ベクトルを $\vec{s}$ とすると,両者の光路差 (OO'–AA') は,$(\vec{s} - \vec{s}_0) \cdot \vec{r}$ となり,位相で表すと,$(2\pi/\lambda)(\vec{s} - \vec{s}_0) \cdot \vec{r}$ である.ゆえに,$\vec{s}$ に散乱される電磁波の振幅 f は,

$$f = \rho(r)\, d\tau\, \exp\left(2\pi i \frac{(\vec{s} - \vec{s}_0) \cdot \vec{r}}{\lambda}\right) \tag{4.12}$$

である.電子が分布する全領域で積分すると,

$$f_e = \int \exp\left(\frac{2\pi i}{\lambda}((\vec{s} - \vec{s}_0) \cdot \vec{r})\right) \rho(r)\, dV \tag{4.13}$$

である.$\rho(\vec{r})$ は球対称であるので $\rho(r)$ とした.極座標変換により,式 (4.13) は原子 1 個あたりの散乱因子(X 線散乱強度)を表す次式に変換される.

$$f\left(\frac{\sin\theta}{\lambda}\right) = \int_0^\infty \frac{\sin s}{s} 4\pi r^2 \rho(r)\, dr \tag{4.14}$$

ここで,$s = 4\pi r \sin\theta/\lambda$ である.f は散乱角 (2θ) と入射 X 線の波長 (λ) の関数であり,これまでの多くの研究による解析式が存在する.たとえば,International Tables for X-ray Crystallography, vol.4 [18] によると式 (4.15) で示され,水素 (H),アルミニウム (Al) と銅 (Cu) についての f を図 4.6 にプロットする.

$$f\left(\frac{\sin\theta}{\lambda}\right) = \sum_{j=1}^{4} a_j \exp\left(\frac{-b_j \sin^2\theta}{\lambda^2}\right) + c \tag{4.15}$$

$\sin\theta/\lambda$ が 0 のとき,つまり θ が 0° のときは図 4.5(a) の条件とな

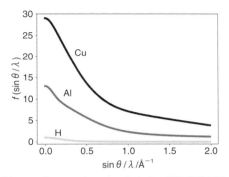

図 4.6 銅，アルミニウムと水素の原子散乱因子

り，X 線の散乱強度は電子の数に比例する．図 4.6 の 3 元素の原子番号はそれぞれ，1, 13 および 29 であり，この順に増加している．

4.2.3 3 次元結晶による回折

1 次元に配列した原子による散乱から開始する．4.1 節では 2 重スリットによる可視光の干渉であったが，ここではスリットを原子に置き換え，入射光の波長は原子間距離程度に短くなるが，原理的には同様に理解できる（図 4.7）．入射光 ($\vec{s_0}$) は，原子 A および B により $\vec{s}$ へ散乱されるとする．その光路差 (AN–BM) が入射 X 線の波長 (λ) の整数倍 (n) のときに，それぞれの散乱波は強め合う．ここで，原子間のベクトル（図 4.7）を $\vec{a}$ とすると，干渉の条件は次式となる．

$$\vec{a} \cdot \vec{s} - \vec{a} \cdot \vec{s_0} = n\lambda \tag{4.16}$$

式 (4.16) と図 4.7 で示した干渉の空間的な分布は図 4.8 となる．

66　第 4 章　X 線散乱・回折

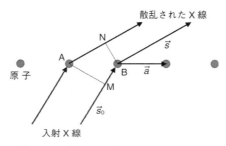

図 4.7　1 次元に配列した原子からの回折

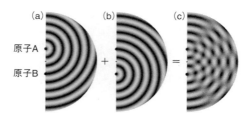

図 4.8　2 つの原子からの散乱波の干渉
入射 X 線の波長は原子間隔の 3 分の 1 とした．(a)〜(c) については本文参照．

図 4.8(a) と (b) は，それぞれ，原子 A と原子 B から 180° 方向に散乱された波を表す．2 つの球面波を合成した結果が図 4.8(c) である．ここでは，入射 X 線の波長 (λ) を原子間隔の 3 分の 1 としている．実際の散乱波の強度分布は式 (4.15) で表され，図 4.6 に従う．たとえば，入射 X 線エネルギーが $12.4\,\mathrm{keV}$ の場合 ($\lambda=0.1\,\mathrm{nm}$)，($\sin\theta/\lambda=0.2$) を想定すると，ほとんどの散乱強度は 3° 以内に分布していることがわかる．

次に，層状に配列した原子による散乱を考える．図 4.9 はその断面の模式図であり，黒丸に原子が位置する．表面に対し角度 θ で入

4.2 X線散乱・回折の原理 67

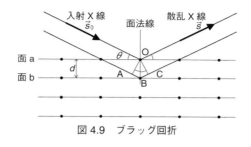

図 4.9 ブラッグ回折

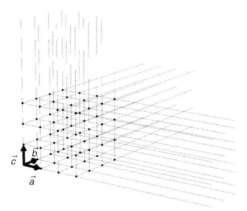

図 4.10 3 次元に配列した原子

射する X 線が面 a で反射される場合と面 b で反射される場合，光路差 (AB+BC) が生じる．面間隔を d とするとき，この光路差は，$2d \sin\theta$ で表され，X 線波長の整数倍 $n\lambda$ の条件で強め合う（ブラッグの回折条件）．

以上のことを，3 次元に配列した原子群からの散乱へ拡張する．図 4.10 は 3 次元に配列した原子の模式図（立方晶）であり，基本ベク

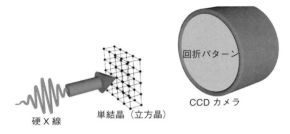

図 4.11　X 線回折計測方法の概略図

トルを $\vec{a}$, $\vec{b}$, $\vec{c}$ とする．このとき，$\vec{s_0}$ に対する $\vec{s}$ の干渉条件は，

$$\begin{aligned}
\vec{a}\cdot\vec{s} - \vec{a}\cdot\vec{s_0} &= h\lambda \\
\vec{b}\cdot\vec{s} - \vec{b}\cdot\vec{s_0} &= k\lambda \\
\vec{c}\cdot\vec{s} - \vec{c}\cdot\vec{s_0} &= l\lambda
\end{aligned} \qquad (4.17)$$

で与えられる．これをラウエの条件という．ここで，h, k, l は整数とする．

$\vec{s}$ は結晶構造と入射光の波長により決定されるが，逆格子を使うと整理しやすい．一例として，立方晶構造をもつ単結晶からの回折パターンをシミュレートする．回折パターン計測条件の模式図が図 4.11 である．X 線の入射方向は結晶軸 $\langle 100 \rangle$ 方向であり，その方向に CCD カメラがある．

図 4.12 は，波長 (λ) が 0.1 nm の X 線が格子定数 0.2 nm の立方晶結晶に入射するときの回折パターンを説明している．立方晶の単位ベクトル $\vec{a}$, $\vec{b}$ と $\vec{c}$ は互いに直交し，$|\vec{a}|=|\vec{b}|=|\vec{c}|=0.2$ nm である．これらの逆格子ベクトル $\vec{a}^*$, $\vec{b}^*$ と $\vec{c}^*$ も互いに直交し，同じ大きさである．X 線ベクトル $\vec{s_0}$ は点 O から点 O' へ向かい，また，それ

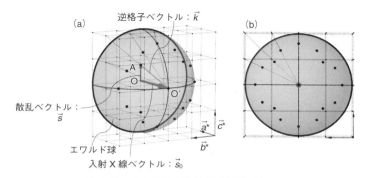

図 4.12 立方晶による X 線の回折パターン
$a = 0.2\,\mathrm{nm}$, $\lambda = 0.1\,\mathrm{nm}$ とする. (a), (b) については本文参照.

を半径としたエワルド (Ewald) 球も図示する. 点 O′ を始点としたある低指数の逆格子ベクトル ($\vec{k}$, たとえば, 薄い灰色矢印で示した $\langle 122 \rangle$) とエワルド球との交点を点 A とする. 点 O から点 A へ向かう濃い灰色のベクトル ($\vec{s_0} - \vec{k}$) が散乱ベクトル ($\vec{s}$) であり, その方向に回折点が現れる. 他の低い次数の代表的な逆格子ベクトルとエワルド球との交点を黒点で印する. 図 4.12(a) を X 線入射の反対方向から見た図が図 4.12(b) であり, 黒点が散乱ベクトルの終点である. CCD カメラなど平面のスクリーンを利用する場合, 散乱ベクトルを延長し, スクリーンに到達する点が観測される. ここから逆に結晶構造を求めることができる.

図 4.13 は, X 線の波長を図 4.12 の場合と比較して 1/2 にしたときの回折であるが, 図 4.12 との比較を容易にするために, X 線ベクトルの大きさを 2 倍にする代わりに, $\vec{a_1^*}$ の大きさを半分にしている. ブラッグの条件から, 波長が大きくなると散乱角が小さくなるので, 回折パターンは中心方向に集まる. これにより, 高い次数の回折点

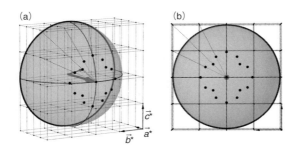

図 4.13 図 4.12 との比較
入射 X 線の波長を λ/2 とする．(a), (b) については図 4.12 に準ずる．

がエワルド球との交点をもち，これらも CCD カメラに収まることになるが，ここでは省略している．これら 2 種類の回折実験から，結晶の面間距離が推測できる．他の結晶構造群にも応用できるように，実空間格子と逆格子の一般的な関係を付録 A に記しておく．

4.2.4 消滅則

最後に消滅則に関して記述する．結晶からの回折強度は，構造の対称性により観測されない場合があり，この法則を消滅則という．この法則は結晶構造因子から簡単に導ける．原子散乱因子は前述したが，単位格子内にある n 個の原子からの散乱の合成波である結晶構造因子 F は，

$$F = \sum_{n=1}^{N} f_n e^{2\pi i (hx_n + ky_n + lz_n)} \tag{4.18}$$

で与えられる．計測される回折強度は結晶構造因子の絶対値の 2 乗に比例するため，この構造因子が 0 になる場合，回折強度も 0 にな

る．以下に具体的な例を挙げて説明する．Al は立方晶で面心格子を示す．空間群は Fm3m であり，原子座標 (0, 0, 0), (0, 0, 0), (1/2, 1/2, 0), (1/2, 0 ,1/2), (0, 1/2, 1/2) に原子がある．そのため，結晶構造因子は，

$$F = f(1 + e^{\pi i(h+k)} + e^{\pi i(k+l)} + e^{\pi i(l+h)}) \tag{4.19}$$

となり，h, k, l が偶数と奇数が混合しているとき，結晶構造因子は 0 となる．International Tables for Crystallography [19] には逆に，各空間群において回折強度が観測される条件が "reflection condition" に記載されている．消滅則を調べることで，空間群を決定することができる．

… 第5章

時間分解計測

本章では,シンクロトロン放射光 (SR) および X 線自由電子レーザー (XFEL) を利用した先端的な計測である時間分解計測について述べる.そこで必要となる基礎的な技術および,いくつかの計測例を紹介する.

SR は原理的にパルスで発振することから (2.1.1 項参照),ポンプ–プローブ法による時間分解計測のプローブ光(検出光)として利用されたのは自然な流れであり,吸収法や回折法などによる動的観察が可能となっている.一方,XFEL は,超高速時間分解計測が一つの主要な目的として設計された高強度パルス X 線源である.時間分解計測はテーブルトップのパルスレーザー (pulse laser: PL) を利用したポンプ–プローブ法で発展してきたが,X 線を利用する時間分解計測技術も確立され,計測対象となる物性・現象,また,それらの時間スケールから適切な光源を選択すること,さらに,これらの相補的な利用が求められている.

図 5.1 には,酸化チタン (TiO_2) 表面で起こる光触媒反応による水の分解プロセスを時間スケールで順に番号をつけた.光吸収によるアト秒 (as, 10^{-18} s) スケールの電子・空孔の生成からマイクロ秒スケールの電荷移動,ミリ秒スケールの水の分解へとつづくまで,時間スケールの異なるいくつかの段階を経て,それぞれが最終的な光触媒反応効率に関係している.この電荷の動的過程を明らかにする

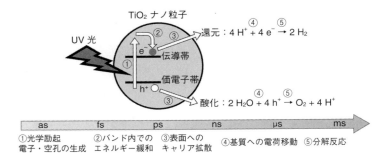

図 5.1 酸化チタンにおける光吸収から光触媒反応(水の分解)が起こるまでのプロセスとそれらの時間スケール

ことが光触媒反応を律速するプロセスの発見につながり,高効率化に貢献できる.ここで紹介した光触媒の反応過程は,ある材料に外場または外力を付与することで材料が異なる状態に転移・遷移することを示す現象のほんの一例である.与えられたエネルギーを別のかたちに変換したり散逸しながら,元の状態に戻る,あるいは別の状態に終着する場合もある.このようなプロセスを分子レベル,原子レベル,あるいは,電荷の動きを区別して,メカニズムを解明していく研究が時間分解計測の舞台である.

5.1 さまざまな現象の時間スケールと適した光源の選択

図 5.2 に,SR,XFEL およびテーブルトップ PL がカバーするエネルギー領域(左軸)とそれに対応する計測手法(右軸),さらには,それぞれの光源を時間分解計測に利用する際に観測可能な現象とその時間スケール(下軸)をまとめる.

SR は,深真空紫外領域(数十 eV)から 100 keV スケールまでの

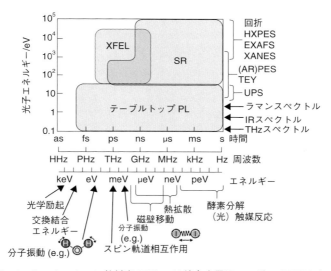

図 5.2 シンクロトロン放射光 (SR), X 線自由電子レーザー (XFEL) とパルスレーザー (PL) を利用して観測される現象と時間スケール

幅広いエネルギー領域をカバーする．軟 X 線領域では，遷移金属の L 吸収端 ($\sim$1 keV) における X 線磁気円二色性（XMCD, 3.3.1 節参照）のシグナルが十分に大きいことと，それら強磁性体の外部磁場に応答する磁化反転過程はサブナノ秒からマイクロ秒のスケールであることから，パルス幅が 100 ps 程度の SR 軟 X 線 (100~2,000 eV) を利用した時間分解計測は，磁性研究で大きく発展した．その引き金となった研究成果が 2002 年に米国の Advanced Light Source で行われた光電子顕微鏡 (photoemission electron micriscopy: PEEM) を検出器とした磁化反転（磁区構造）ダイナミクスのイメージングであり [20]，その後，ドイツの BESSYII [21]，スイスの Swiss Light

Source [22], 日本の SPring-8 [23] など世界中の多くの放射光施設で独自の研究に発展した. また詳細は割愛するが, 軟 X 線スライシング技術を利用した約 100 fs 幅の X 線パルスを発生する特殊なビームラインも建設されており, 超高速現象観察が可能となっている [24]. そこでも, XMCD をシグナルとする研究が多く, フェムト秒スケールのスピン軌道相互作用や磁気交換相互作用などが研究された [25, 26].

一方, 硬 X 線 SR (2~100 keV) を利用した XAFS や回折による構造変化のダイナミクス観測は, 国内においては SPring-8 および高エネルギー加速器研究機構のフォトンファクトリー・アドバンスドリング (PF-AR) で発展した. XAFS や回折による構造解析および化学状態解析は硬 X 線の得意とする分野であり, その特徴を最大限に利用した時間分解計測は多くの成果を生み出し (たとえば, [27, 28]), 新光源である XFEL の研究へとつながっている.

SPring-8 に併設されている XFEL 光源 (SACLA) は, 2010 年からユーザー運転が始まり, おもに小分子やタンパク質の光反応におけるダイナミクス観測などで成果が出始めている [29, 30]. SACLA は, 現状で硬 X 線領域 (5~30 keV) での運転であり, おもに回折や散乱, XAFS で時間分解計測が行われている.

PL はパルス幅がサブ 100 fs からナノ秒の光源が普及しており, この広い時間スケールにおける時間分解計測が比較的容易に行える (付録 B 参照). 光源のエネルギーは赤外から可視, 紫外領域までが一般的に利用されている. 酸素分子の吸収端が 190 nm (6.5 eV 程度) であり, それより短い波長の光は真空中あるいは不活性な気体中でしか伝播できないため, これより高エネルギー領域では, 軟 X 線と同様に真空中に試料を設置し, 計測する必要がある. PL を利用した超高速時間分解計測での顕著な成果の一つが, 1990 年に報告さ

れたZewailらによる，ヨウ素分子の振動・回転ダイナミクスの直接観測であり，その成果にノーベル化学賞が授与された[31]．近年のレーザー技術の進歩は顕著であり，真空中に光学素子を設置することで，高次高調波発生により1 keVまで，安定的には300 eVまでの光源開発が進んでおり，軟X線のエネルギー領域に拡大している．

5.2 時間分解計測とは

5.2.1 いくつかの時間分解計測法

世の中のあらゆる現象には，ある時間スケールが付与されており，あるいは寿命が存在するともいう．長いものでは陽子の崩壊寿命が10^{34}年であったり，短いものではアト秒スケールの光学励起がある．それらの時間スケールに応じた，さらには，その現象に応じた光源および計測装置を選択する必要がある．本節の主旨はSRおよびXFELを利用した時間分解計測の紹介であり，そこで核となる技術がポンプ–プローブ法である．

まず，検出器のタイミング制御による時間変化の観察例を紹介する．図5.3は，東京スカイツリー®の建設過程に撮影された写真である[32]．建設開始を基準時間として，ある時間が経過したときの写真を並べてある．日々の工事で高さが増していくが，その速度は内装工事のため高さに変化がない時期もあるが，おおよそ1 m/日のペースで建設されていることがわかる．この観察で大事なことは，日中は連続光（太陽光）により照らされており，対象物から常にカメラの感度に十分な散乱光強度があることである．夜間の撮影では，建設過程は鮮明には観察できない．また，最近のデジタルカメラのシャッタースピードはミリ秒程度であり，建設にかかる時間スケールと比較して十分短いことから，その建設過程が一連の画像として

図 5.3 東京スカイツリー® の建設過程の写真
時間ごとのスナップショットから，約1m/日で延伸されていることがわかる．
事業主体：東武タワースカイツリー株式会社．
[株式会社大林組: 東京スカイツリー® 成長記録スライドショー, https://www.obayashi.co.jp/]

収められている．仮に建設がミリ秒以下で完了すると，市販のカメラではその過程を知ることはできない．ここでは太陽光の散乱光を検出しているが，自己発光する現象などでは観測するための照射光源は必要ないだろう．

次に，ポンプ–プローブ法を，バネでつながっている 2 つの球体モデルを使って説明する（図 5.4）．外部から摂動がない状態 A にパルス光（ポンプ光）を照射するが，一定時間後，変わらずに状態 A が観測されたとする．この間にどのようなダイナミクスが起こったかを調べるために，ポンプ–プローブ法が利用できる．実際の変化の過程は，図 5.4 のようにポンプ光照射によってバネが伸び，元の状態に戻ったとする．その過程を観察するために，ポンプ光に対しある時間差 ($t = t_B$) で状態を観察するためのパルス光（プローブ光）を照射することで経過 B が観察できる（計測 1）．また，異なる時間差

5.2 時間分解計測とは 79

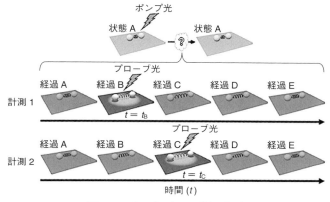

図 5.4 ポンプ–プローブ法の概略

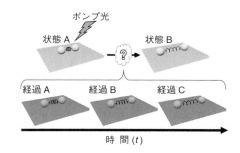

図 5.5 2つの球体をつなぐバネ運動の不可逆変化

($t = t_\mathrm{C}$) でのプローブ光照射では（計測 2）経過 C が観察できる．このように，ポンプ光とプローブ光の照射の時間差を変化させながらストロボ撮影的に状態を観察していくことで，そのダイナミクスが一連の画像として観察できる．外部からの刺激がひき起こすダイナミクスに再現性がある場合，繰返し型のポンプ–プローブ計測が可

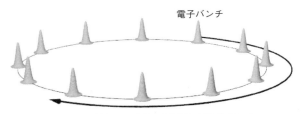

図 5.6 蓄積リング内を周回する電子バンチ

能となる．パルスレーザー，とくに超短パルスレーザーを検出光とする多くの計測において，プローブ光によるシグナルは微弱であり，この繰返し法によるシグナルの積算が一般的に行われている．

一方，図 5.5 のように，ポンプ光照射によってバネが伸び，その状態で安定する場合，つまり変化が不可逆な場合，ポンプ光照射に対し 1 ショットのプローブ光で観察する必要がある．このため，ストロボ撮影的に状態の変化を追跡するには，計測ごとに試料を交換するか，他の手段で始状態に戻す処理が必要となる．

5.2.2 放射光とパルスレーザーを組み合わせたポンプ–プローブ計測

この項では，放射光とパルスレーザーを組み合わせたポンプ–プローブ計測をどのようにして実現するかについて簡単に説明する．

2.1.1 項で説明したとおり，蓄積リング内の電子はリング内に一様に広がっているのではなく，電子の集団（電子バンチ）となって高周波加速の周期に合わせてリング内を周回している（図 5.6）．加速器特有のこのような性質により，電子バンチから放射される放射光は，約 50 ps 程度の時間幅のパルス状の光となる．このような放射光のパルス性は，実験室の X 線光源にはない特性であり，前項のバネで繋がった 2 つの球体モデルの例で説明したように，一瞬の動

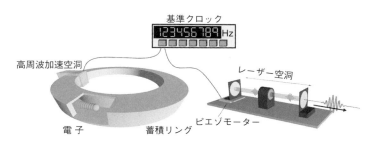

図 5.7 基準クロックとテーブルトップ PL を同期させるシステムの概略図

きをストロボ撮影するのに適した光であるといえる．一方，パルスレーザーと放射光を連動（同期）させるためにはレーザーと蓄積リングの双方を共通のタイミングで動作させる必要がある．そのために，加速器制御用の基準クロックをパルスレーザーの基準クロックとして使用し，蓄積リングのタイミングに合わせてパルスレーザーが動作するように設定する（図 5.7）．実際には，高周波加速空洞の基準クロックである約 500 MHz の信号を適当に分周して，パルスレーザーの基準クロックとして利用する．

5.3 時間分解計測の例

これまで説明してきたとおり，放射光を利用することで分子構造や結晶構造などの構造情報が得られたり，元素選択的に化学結合状態，電子状態，スピン状態など豊富な情報を得ることができる．したがって，放射光計測に時間分解計測を適用することで，分子構造や結晶構造の瞬間的な動き，電子状態やスピン状態の過渡的な変化を観測することが可能となる．したがって，時間分解 X 線計測は，

しばしば"分子動画"の観測手法ともよばれている.

ここでは，その概略と応用例を紹介する．その実験手法の詳細については付録 B，C も参考にしていただきたい．

5.3.1 X 線吸収分光法の時間分解計測

放射光のパルス性を利用した初期の時間分解 X 線吸収分光は，1984年ころに米国 Cornell 大学に設置された放射光施設 Cornell High Energy Synchrotron Source (CHESS) において行われた [33]．計測対象は，筋肉中で酸素貯蔵の機能をもつタンパク質であるミオグロビンである．ミオグロビンはヘムとよばれる鉄–ポルフィリン錯体を補欠分子として分子内に含み，ヘム鉄に酸素や一酸化炭素 (CO) などの分子を可逆的に結合する．この時間分解計測では，ヘム鉄に CO が結合した状態にポンプ光を照射し，CO 分子が Fe 原子から解離したのちに再結合する過程を Fe–K 吸収端近傍の XANES スペクトルにより観測している．CHESS では時間幅 160 ps の X 線パルスが 2.56 μs の周期で放射されるが，ポンプ光の吸収による分子構造の変化を追跡するために，照射後，0～307，307～563，563～1,203，1,203～20,480 μs の時間ドメインに分割し，それぞれの区間内の X 線信号を積分して時間分解 XANES スペクトルを取得している．それらはそれぞれ，図 5.8 のスペクトル (a)～(d) に黒点でプロットされており，ポンプ前の定常状態のスペクトル（実線）も比較対象として表示している．図 5.8 のスペクトル (b) において，定常状態で観測される約 7.10 keV（図中点線）のピークが，低エネルギー側へ約 30 eV シフトしている（図 5.8(b) 矢印）ことから，ミオグロビンはポンプ光の吸収により，ミオグロビン中の Fe 原子から CO 分子が解離した 5 配位型（デオキシ型）に変化していることがわかる．また図 5.8(b) の時間スケールでは，CO 分子はまだ Fe 原

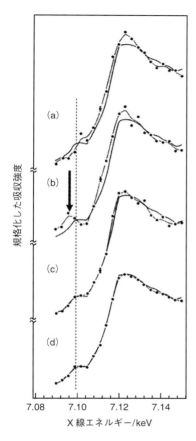

図 5.8 ミオグロビンの時間分解
XAFS 計測
(a) 0〜307 μs, (b) 307〜563 μs, (c) 563〜1,203 μs, (d) 1,203〜20,480 μs の時間ドメインごとのスペクトル.
[D. Mills, et al.: Science, 223, 811 (1984)]

子に再結合しておらず,図 5.8(c), (d) の時間スケールで元の状態に回復(再結合)している.なお,この計測では最も短い時間ウィンドウが 300 μs であることから,計測の時間分解能を 300 μs とし

ている.

2000年以降には,化学分野の高速な時間分解 XAFS 計測として,金属錯体を対象とし光励起状態の電子状態と構造に関する計測例が報告されている. XAFS 計測の特徴は X 線回折計測とは異なり,試料の長距離秩序が必要でなく,希薄試料にも適用ができることである. その代表的な成果が文献 [34] である. この研究は,米国アルゴンヌ (Argonne) 国立研究所内に設置された放射光施設 Advanced Photon Source (APS) で行われた.

その計測対象はニッケル (Ni) ポルフィリン溶液である. 波長

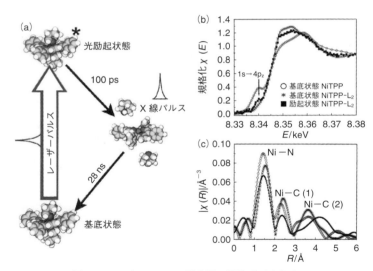

図 5.9 Ni ポルフィリン配位子の構造ダイナミクス
(a) 溶媒中のニッケルポルフィリン錯体の光吸収による構造変化, (b) 時間分解 XANES, (c) 時間分解 XAFS

[L. X. Chen, et al.: Science, **292**, 262 (2001)]

351 nm のポンプ光の吸収により，Ni ポルフィリン分子は励起状態に遷移し，その後，約 100 ps の間に配位子が解離する．配位子との再結合，つまり基底状態に戻るまでに 28 ns を要する．その概略図が図 5.9(a) である．このダイナミクスの詳細を Ni–K 吸収端の時間分解 XANES と EXAFS で計測している [34]．XANES スペクトル（図 5.9(b)）では，吸収端近傍の 8.34 keV 付近で，配位子の光解離に伴って配位数が 6 配位から 4 配位へと変化したことに起因して，ピーク強度が上昇している．さらに EXAFS スペクトルでは，Ni 原子と周辺の窒素および炭素原子との間の距離を同定することにより，時間的に変化する分子構造（配位子の結合状態）が明らかとなっている（図 5.9(c)）．

5.3.2 X 線回折・散乱の時間分解計測

一方，放射光のパルス性を利用した X 線回折・散乱の時間分解計測としては，1980 年代に CHESS において，タンパク質結晶を用いた白色 X 線回折実験が行われた [35]．この計測では，単一の放射光パルスによる時間幅 120 ps の露光で，タンパク質単結晶（リゾチーム）からの回折像が計測できることが示された．

ここで X 線回折の原理的な話になるが，通常の単結晶を用いた X 線結晶構造解析では分光器で単色化された X 線を用い，単結晶を回転させながら逆格子点がエワルド球を順々に通過するように条件を設定して，X 線回折強度を計測する．一方，白色 X 線を入射 X 線として用いるラウエ回折法の場合には，白色 X 線スペクトルの最短波長と最長波長に対応するエワルド球に挟まれた領域にある逆格子点からの回折強度が同時に観測されるため，単結晶を回転させる操作が不要となる．ラウエ回折法を利用すれば，回折データの取得に必要な X 線露光時間は単結晶の回転時間にはよらず，結晶に入射す

るX線の時間幅のみで決まり,仮に十分な入射X線のフォトン数が確保できれば,原理的には放射光の単一パルスから物質構造解析に必要な回折強度を得ることができることから,時間分解計測に適している [35].

1990年代に入って放射光のパルス性を利用した時間分解X線回折計測法の開発が世界各地で進んだが,とくにフランス・グルノーブルにある放射光施設 European Synchrotron Radiation Facility (ESRF) のビームライン ID09 において活発に研究開発が進められた.ESRF の Wulff らは,ESRF のシングルバンチから放射されるX線パルスを切り出すためのシャッタを独自に開発し,時間分解X線結晶回折実験のシステムを構築した [36]. この計測システムを用い,Wulff らは Moffat らとの共同研究により,光反応性を有するCO結合型ミオグロビン結晶を試料として,ナノ秒オーダーの時間分解ラウエ回折計測を行った [37]. 5 ns 幅の YAG レーザー光パルスを試料に照射して結晶中のCO分子を光解離させ,一定の遅延時間後に 120 ps 幅の白色X線パルスを入射することにより,CO分子がタンパク質分子内でトラップされている過渡的な状態の結晶構造をストロボ撮影的に観測することに初めて成功している.

その後ビームライン ID09 では,さらに進んだサブナノ秒オーダーのCO結合型ミオグロビン結晶の時間分解計測が行われるとともに [38],細菌の光センサータンパク質であるフォトアクティブ・イエロープロテイン結晶 [39] や有機分子の粉末結晶 [40] などにも時間分解X線回折法が適用され,一連の成果が上げられた.

また単結晶ではなく,溶液試料を計測対象としたピコ秒オーダーの時間分解X線溶液散乱計測も行われている.単結晶の場合とは異なり,溶液散乱計測では溶媒分子からのX線散乱が巨大なバックグラウンド信号となるため,溶質分子の光反応に伴う散乱信号の強度変

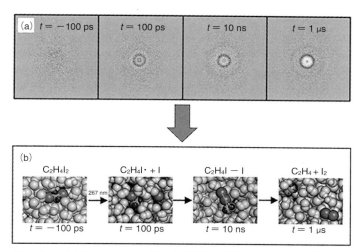

図 5.10 1,2-ジヨードエタン分子の時間分解回折パターン (a) と導出された分子構造 (b)　　　　（カラー図は口絵 2 参照）
[H. Ihee, et al.: Science, **309**, 1223 (2005)]

化をいかに精度よく計測するかが重要なポイントとなる．そのため，この計測法はヨウ素や金属原子といった比較的重い元素を含む分子や，溶液中のタンパク質分子の光反応に適用されており，ヨウ素分子の光解離，1,2-ジヨードエタン ($C_2H_4I_2$) 分子の光異性化反応やヘモグロビンの 4 次構造変化などの計測例が報告されている [41–43]．

図 5.10 は，脱離反応過程の架橋ラジカルの存在とその構造を初めて観測することに成功した研究である [42]．光照射によって 1,2-ジヨードエタン ($C_2H_4I_2$) の分子構造が変化していく過程の X 線溶液散乱パターンが図 5.10(a) である．ポンプ光照射によりヨウ素原子が脱離し，ヨードエチルラジカル（$CH_2ICH_2\cdot$）の中間状態が生成し，C－I－C が三角構造を形成する（$t = 100\,\mathrm{ps}$）．このハロエチル

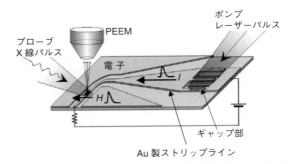

図 5.11 時間分解 XMCD-PEEM による磁区構造ダイナミクス [20]
[S. B. Choe, et al.: *Science*, **304**, 420 (2004)]

ラジカルが化学反応における立体構造の形成に重要な役割を担っている．その後，$t = 10\,\text{ns}$ では遊離したヨウ素原子が再結合し，$1\,\mu\text{s}$ 後にはヨウ素分子として脱離して，$C_2H_4 + I_2$ となることを明らかにした．導出された構造変化が図 5.10(b) であり，まさに"分子の動画"を直接的に観測した結果である．

5.3.3 軟 X 線吸収分光の時間分解計測

3.3.1 項において，光子エネルギーが $2\,\text{keV}$ 以下の軟 X 線を利用した吸収分光計測は，磁性研究の重要なツールであることを紹介した．この手法も時間分解計測へと発展している．その先駆けとなった文献が [20] である．図 5.11（文献 [20] の Supporting Info の Fig. 1 を引用）が実験装置の概要である．観察対象はマイクロメートルサイズの磁性体であり，金 (Au) 製ストリップライン上（幅 $10\,\mu\text{m}$）にリソグラフィーで作製されている．ストリップラインのくし形部分にパルスレーザーを照射することでパルス電流が流れ，磁性体にパルス磁場を印加することができる．パルスレーザーは放射光パルスに同

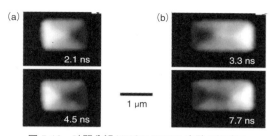

図 5.12 時間分解 XMCD-PEEM 実験の概略図
グレイコントラストにより磁区の変化がわかる．(a),(b) については本文参照．
[S. B. Choe, *et al*.: *Science*, **304**, 420 (2004)]

期しているため，これらの相対時間を走査しながら XMCD–PEEM 法（3.3.2 項参照）により磁区構造を観察することで，これら磁性体中の磁区構造ダイナミクスが観察できる．

図 5.12 は，いくつかのサイズの異なるマイクロメートルサイズ磁性体中の磁区構造が，磁場パルス印加により変化する様子を示している．図中のグレイコントラストは磁化方向を表しており，漏れ磁束を低減するために磁性体内で磁束を閉じるように，磁気渦構造を形成している．図 5.12(a) では，下方向の磁化をもつ明るいコントラスト領域が 2.4 ns 後に収縮しており，逆に暗いコントラストの領域が拡大していることがわかる．磁場パルスにより磁区ダイナミクスは再現性があるため，5.2 節で紹介した繰返し型のポンプ–プローブ法が利用されている．この計測では，100 ns ごとに XMCD–PEEM 像が観察されており，磁区構造変化の動画が得られている．サイズの大きい磁性体では，磁区構造が複雑になっているが（図 5.12(b)），ダイナミクスが観測されている．

この手法が広く利用されるに至った背景には，図 5.11 に図示してあるストリップラインのギャップ部にパルスレーザーを照射するこ

とで比較的簡単に短パルスの光電流が生成され，その結果，強磁性体の磁区構造を変化させるには十分な 10 mT オーダーのパルス磁場の生成に成功したことがある．

筆者らを含む研究グループが放射光施設 SPring-8（播磨）において同様の実験をしており，実験の詳細はその研究（付録 C）を参照されたい．

5.4 X 線自由電子レーザーを利用する時間分解計測

5.4.1 X 線自由電子レーザーとパルスレーザーの同期

次に，X 線自由電子レーザー (XFEL) を光源とした時間分解計測で重要となる時間分解能について述べる．5.3.1 項で記述した時間分解計測では，100 ps 以上の比較的遅い時間領域での化学反応が対象となり，光励起によっていったん光解離した分子種が再結合する過程や，溶媒が熱膨張する過程などが X 線散乱の差分信号として観測されていた．

これに対して XFEL は，fs から 100 ps までの時間領域における現象の解明に威力を発揮する．SACLA の X 線パルス幅は数 fs 程度と見積もられているが，一方で，実際には試料位置における XFEL 光の到着時刻のばらつき（ジッター）が存在するために，計測全体の時間分解能はそのばらつきによって支配される．これを克服するための方策として，1 ショットごとに X 線パルスの到達時刻のばらつきを検出し，計測後に正しい到達時刻に補正する機能（到達時刻モニター機能）が実装されている．この機能により，理想的には計測全体の時間分解能をパルス幅（数 fs）程度まで改善することができる．

5.4.2 X線自由電子レーザーを活用した時間分解計測

XFELを利用する時間分解XAFS計測では，フェムト秒スケールで電子状態と構造のダイナミクスを分離して観測することが可能となる．その一例として，鉄錯体の光誘起スピン転移の観測を紹介する [44].

鉄(II)トリスビピリジン錯体 $[Fe(bpy)_3]^{2+}$ は基底状態で低スピン型 (LS) のスピン配置を取り，光吸収により金属から配位子への電荷移動 (metal to ligand charge transfer: MLCT) が起こり，次に高スピン状態 (HS) に転移する（図5.13(a)）．この転移は1 ps以内に完了する超高速現象であるが，時間分解XAFSによりその過渡的なXAFSスペクトルの変化が観測できる．実験配置は図5.13(b)のようであり，ポンプ光はパルス幅が50 fsで波長530 nmのパルスレーザーを利用しており，X線照射による蛍光を検出する．XFELパルスは幅が約20 fsであり，パルス間のジッターなどを考慮した最終的な時間分解能は25 fsであった．図5.13(c)は鉄原子のK吸収端近傍の時間分解XAFSスペクトルであり，ポンプ光照射から10 psで高スピン状態となることを示している．

図5.13(c)に矢印で示したX線エネルギー (7,121.5 eV) における蛍光強度の時間変化と解析結果を図5.14に示す．図5.14(a)の灰色のプロットが計測結果であり，数値フィッティングによりMLCTとHSの成分に分解している．MLCTからHSへ遷移する減衰定数が120 fs，HS状態におけるFe−N間距離のコヒーレントな振動周期が265 fs，また，その振動構造の減衰定数が320 fs，さらにはFe−N間距離が2.2 Åに安定するまでの減衰定数1.59 psが導出されている．蛍光強度の解析から遷移過程のHSとMLCTの存在比も見積もることができる（図5.14(b)）．図5.14(c)は，Fe−N間距離のインコヒーレント振動を表しており，LS状態で2.0 Åであった

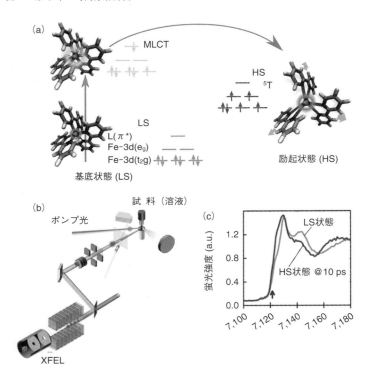

図 5.13 [Fe(bpy)$_3$]$^{2+}$ 錯体の光励起によるスピン状態の計測
(a) 構造ダイナミクス,(b) TR–XFEL の実験セットアップ概要,(c) TR–XAFS スペクトル.
[H. T. Lemke, *et al.*: *Nature Commun.*, **8**, 15342 (2017)]

ものが,光励起直後に $2.35\,\text{Å}$ まで長くなり,振動しながら $2.2\,\text{Å}$ に落ち着くダイナミクスが明らかとなっている.

このように,XFEL というフェムト秒オーダーの X 線光源が実現したことにより,時間分解 X 線分光は単に化学反応による分子種の

5.4 X線自由電子レーザーを利用する時間分解計測　　93

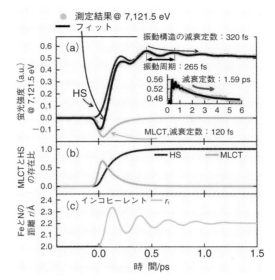

図 5.14　XFEL を利用した [Fe(bpy)$_3$]$^{2+}$ 錯体の分子構造ダイナミクス観測
(a) X線エネルギーが 7121.5 eV の時の蛍光強度の時間変化と数値フィッティング，
(b) MLCT と HS 状態の存在比の時間変化，　(c) Fe と N の原子間距離の時間変化．
[H. T. Lemke, *et al.*: *Nature Commun.*, **8**, 15342 (2017)]

平均構造の分布の変化（キネティクス）を明らかにすることに留まらず，光励起による化学反応ポテンシャル上での分子構造変化（ダイナミクス）を実験的に明らかにできる手法としてさらに発展している．

付録 **A**

実空間格子と逆格子の関係

 回折パターンを予測するには,逆格子ベクトルを知る必要があり,ここで,その関係を表記しておく.実空間格子の単位ベクトルが $\vec{a}$, $\vec{b}$, $\vec{c}$ であり,それぞれの角度は α, β, γ である.逆格子単位ベクトルは $\vec{a}^*$, $\vec{b}^*$, $\vec{c}^*$ であり,その角度は α^*, β^*, γ^* とする.それぞれの体積を V と V^* とすると,以下のような関係がある.ここで,λ は入射光の波長である.

$$V = \vec{a}\vec{b}\vec{c}(1 - \cos^2\alpha - \cos^2\beta - \cos^2\gamma + 2\cos\alpha\,\cos\beta\,\cos\gamma)^{1/2}$$

$$V^* = \vec{a}^*\vec{b}^*\vec{c}^*(1 - \cos^2\alpha^* - \cos^2\beta^* - \cos^2\gamma^* + 2\cos\alpha^*\,\cos\beta^*\,\cos\gamma^*)^{1/2}$$

$$VV^* = \lambda^3$$

$$\vec{a} = \frac{\lambda b^* c^* \sin\alpha^*}{V^*} \qquad \vec{b} = \frac{\lambda a^* c^* \sin\beta^*}{V^*} \qquad \vec{c} = \frac{\lambda a^* b^* \sin\gamma^*}{V^*}$$

$$\vec{a}^* = \frac{\lambda bc\sin\alpha}{V} \qquad \vec{b}^* = \frac{\lambda ac\sin\beta}{V} \qquad \vec{c}^* = \frac{\lambda ab\sin\gamma}{V}$$

$$\sin\alpha = \frac{V^*}{\vec{a}^*\vec{b}^*\vec{c}^*\,\sin\beta^*\sin\gamma^*} \qquad \sin\alpha^* = \frac{V}{\vec{a}\vec{b}\vec{c}\,\sin\beta\sin\gamma}$$

$$\sin\beta = \frac{V^*}{\vec{a}^*\vec{b}^*\vec{c}^*\,\sin\alpha^*\sin\gamma^*} \qquad \sin\beta^* = \frac{V}{\vec{a}\vec{b}\vec{c}\,\sin\alpha\sin\gamma}$$

$$\sin\gamma = \frac{V^*}{\vec{a}^*\vec{b}^*\vec{c}^*\,\sin\alpha^*\sin\beta^*} \qquad \sin\gamma^* = \frac{V}{\vec{a}\vec{b}\vec{c}\,\sin\alpha\sin\beta} \qquad (\text{A.1})$$

付録 **B**

ポンプ–プローブ法による時間分解計測の概略と時間分解能

　ここでは，ポンプ–プローブ法による時間分解計測方法の理解のために，テーブルトップPLを利用した計測法を紹介し，時間分解能に関して議論する．

　フェムト秒の超短パルスレーザーを利用したポンプ–プローブ計測を開始するにあたり重要なことは，2つのパルスの時間的オーバーラップをフェムト秒スケールで確認することである．たとえば，非線形効果のような両パルスが物質に照射することで誘起される現象を検出することが挙げられる．図B.1は，波長 λ のパルスレーザーがハーフミラーにより2つに分けられ，それぞれが非線形結晶 (non-linear

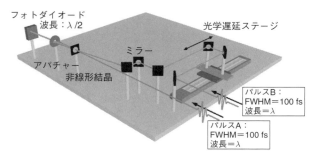

図 B.1　非線形結晶を利用したパルス幅の見積もり

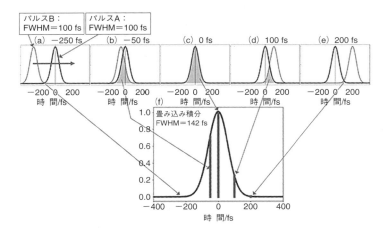

図 B.2 図 B.1 で計測される 2 つのパルスレーザーの相関積分
(a)〜(c) と (f) については本文参照．(d), (e) は時間経過によるスペクトルの様子．

crystal: NL) に入射する光学回路である．片方のパルスレーザーは，光学遅延ステージを通ることで他方に対する照射の時間的タイミングを制御できる．パルス A に対してパルス B が NL に照射する時間を変化させていき，時間的に重なると $\lambda/2$ のパルス光，つまり第 2 次高調波 (second harmonic generation: SHG) が発生する．この SHG 光をピンホールまたは光学フィルタで選択し，フォトダイオードで検出する．想定される計測結果が図 B.2 である．パルス A に対してパルス B が NL に照射する時間を変化させていくが，両パルスに時間的にオーバーラップのない場合（図 B.2(a)），SHG シグナルは検出されない．図 B.2(b) のように一部が重なると SHG が発生する．図 B.2(f) には，両パルスの遅延時間（横軸）に対して重なり部分の面積（灰色で塗りつぶした領域：SHG 強度）を縦軸とし

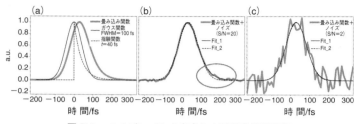

図 B.3 ノイズレベルを考慮した時間分解能評価
(a)〜(c) については本文参照.

てプロットしている．完全に重なる場合（図 B.2(c)）に SHG シグナルが最大になり，これを両パルスの時間原点とする．つまり，図 B.2 は 2 つのガウス (Gauss) 関数の畳み込み積分を表している．時間に対するパルス強度がガウス関数で表される半値全幅 (full width of half maximum: FWHM) が 100 fs である 2 つのパルスの畳み込み積分は，FWHM が $\sqrt{2}$ 倍のガウス関数であり，これが装置関数となり，時間分解能を決定する一つの要素となる．

しかしながら，時間分解能には他のさまざまな要因が影響する．精密な計測および解析により，装置関数より短い現象を観測することも可能である一方，ノイズレベルの高い計測では装置関数程度の分解能が得られない場合もある．図 B.3 をもとに，計測結果の精度と分解能の関係を記述する．図 B.3(a) において，破線は観測したい現象を表し，減衰定数が 40 fs の指数関数である．FWHM = 100 fs の装置関数（細い実線）をもつ計測装置でこれを観測すると，両者の畳み込み（コンボリューション）により，図 B.3(a) の灰色の線のような曲線が得られる．この曲線に S/N 比が 20 および 2 となるノイズを人工的に付与した場合の結果が図 B.3(b) と (c) の灰色曲線である．これら 2 曲線をガウス関数と減衰関数の畳み込み関数で，また，

ガウス関数でフィッティングした結果が，細い実線 (Fit_1) と破線 (Fit_2) である．図 B.3(b) においては，両フィッティングに差が見受けられる（図 B.3(b) の楕円で囲んだ部分）．つまり，図 B.3(b) では装置関数よりも短い減衰定数の現象が観測できたのに対し，ノイズレベルの高い図 B.3(c) では有意な差は得られなくなる．このように，時間分解能は理想的にパルス幅で決定されるのではなく，データ点数や計測時間に関係する S/N 比にも依存することを注意する必要がある．また，この解釈は時間分解計測の時間分解能だけでなく，顕微鏡観察における空間分解能でも同様のことがいえる．

付録 **C**

時間分解 XMCD–PEEM

5.3.3 項で紹介した軟 X 線を利用した時間分解吸収分光計測については，筆者らを含む研究グループが大型放射光施設 SPring-8（播磨）にて同様の計測を行っている．試料は直径 6 μm，厚さ 100 nm の円盤状の鉄ニッケル (FeNi) 強磁性体であり，金 (Au) 製のストリップライン上に作製してある．強磁性体において，磁区構造の形成には磁気双極エネルギー，磁気交換エネルギー，磁気異方性エネルギーとゼーマン (Zeeman) エネルギーの 4 種類の磁気エネルギーが寄与する [45]．FeNi 合金は，磁気異方性エネルギーが比較的小さい強磁性体であるため，マイクロメートルサイズに加工すると，磁気双極エネルギーを抑制するように，磁束を閉じる磁気渦構造を形成する．円盤中心付近では磁気交換エネルギーが増大するため，面直方向の磁化をもつ磁気渦コアが形成することで補償される．その直径は 10 nm 程度である [46]．図 C.1(a) には，円盤型磁性体中の磁化方向をグレイスケールと矢印で示す．

この磁気円盤にパルス磁場を印加し，磁区構造を変形させ，つまりコアが中心から偏位した磁気エネルギー的に不安定な状態に遷移した後の動的過程を観察するための計測システムの概要が図 C.2 である．3.3.2 項において解説したとおり，円偏光光源を利用することで，XMCD–PEEM 法によって局所的に異なる磁化方向を可視化，つまり磁区構造のイメージングが可能になる．この円偏光 X 線が

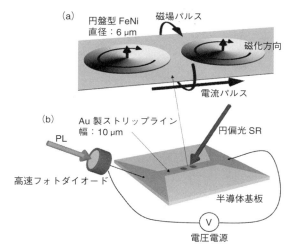

図 C.1　時間分解 XMCD–PEEM 計測の概略図
(a), (b) については本文参照.

プローブ光である．これに 1 対 1 で同期したフェムト秒パルスレーザーをポンプ光として，ポンプ–プローブ計測を行う．

　磁気円盤に磁場パルスを印加するために，図 C.1(b) に図示したように，半導体基板上にリソグラフィーにより作製したストリップラインに高速フォトダイオード (photodiode: PD) を接続し，PD にパルスレーザーを照射することで回路にパルス電流が流れる．その幅は PD の遮断周波数に対応する約 500 ps となる．このパルス電流がストリップライン周りにパルス磁場を発生し (図 C.1(a) の回転矢印)，ストリップライン上に作製した磁性体の磁区構造に影響する．磁場の大きさはパルスレーザーの光子密度，電流パルス幅，PD の量子効率，ストリップラインの周長を考慮することで見積もるこ

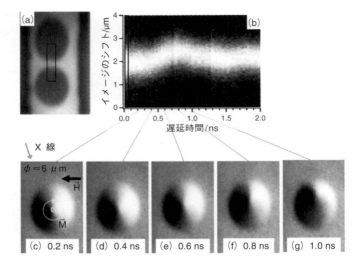

図 C.2 時間分解 XMCD–PEEM 計測により観測された磁区構造の時間変化
$\vec{H}$ と $\vec{M}$ はそれぞれ，印加する磁場方向と磁性体中の磁化方向を表す．(a)～(g) については本文参照．

[K. Fukumoto, *et al.*: *Rev. Sci. Instrum.*, **79**, 063903 (2008)]

とができ，10 mT 程度であった．

図 C.2 が計測結果である．図 C.2(a) は無偏光 X 線により得られた PEEM 像である．ストリップラインが明るいコントラストで観測されており，その上に作製した 2 つの磁気円盤が黒っぽく観察される．PEEM は電子を検出するため，横方向の磁場パルスが印加されると，ローレンツ力により像は縦方向にシフトする．図 C.2(b) は図 C.2(a) の四角で囲った部分を切り抜き，ポンプ–プローブの遅延時間に対して並べた図である．イメージのシフトから，印加された実際の磁場パルスの形状を見積もることができる．磁場パルスの FWHM

は約 500 ps であった．図 C.2(c)〜(g) は時間分解 XMCD–PEEM 像である．磁場の印加により図 C.2(d) から (g) にかけて，コアが磁場方向に対して垂直方向に移動していることがわかる．これにより円盤の下部分が磁場パルスと同方向であることから，ゼーマンエネルギーによりコアを押し上げていることがわかる．その後，ここでは PEEM 像を表示していないが，その渦中心は円盤中心に対し約 20 ns の周期で振動しながら約 200 ns かけて円盤中央に戻る．

あとがき

 以上,本書では,物質科学における X 線分光の基礎と応用について解説した.最初に X 線光源としての光源加速器の概要と X 線分光に関する基礎的な事項からスタートし,応用面では,とくに時間分解モードでの X 線分光計測法に関して重点的にカバーした.本書がテラヘルツ,赤外,可視,紫外域に止まらず,真空紫外,X 線に至る幅広い波長(エネルギー)領域における時間分光計測に興味のある物質科学研究者の一助となれば幸いである.過去の物質科学の分光研究を振り返ると,短パルスレーザーを光源とする研究分野と,加速器から発生する放射光を光源とする研究分野は,それぞれの光源が得意とする波長(エネルギー)領域を中心として,それぞれ独立性を保ちつつ発展してきた.しかし近年は,一方では高次高調波発生によるレーザー光源の高エネルギー化,他方では X 線自由電子レーザーの実用化による X 線の短パルス化が端緒となって,それぞれの研究分野が相互にオーバーラップしつつあるのが現状である.とはいえ,2 つのうちのどちらかが完全に優位となるわけではなく,お互いに相補性をもってそれぞれが発展していることから,今後は相互の長所,短所をうまく意識しつつ,より総合的かつ戦略的に活用されるべきであろう.今後将来にわたり,レーザー科学分野と放射光科学分野の融合と相補的な利用がますます重要になると考えられる.

 最後になったが,本書の作成にあたっては,高エネルギー加速器研究機構物質構造科学研究所の研究スタッフ(一柳光平特任准教授,深谷亮特任助教,高木壮太氏,Lee Sunghee 氏,阿部裕子氏)の助力をいただいた.この場をお借りして感謝申し上げる.また本書の

執筆の機会を与えていただき，原稿執筆を辛抱強くお待ちいただいた，化学の要点シリーズ編集委員会の井上晴夫先生，共立出版株式会社編集部に感謝申し上げたい．

引用文献

[1] W. Röntgen: *Nature*, **53**, 274 (1896).
[2] J. Blewett: *J. Syncrotron Rad.*, **5**, 135 (1998).
[3] https://www2.kek.jp/imss/pf/
[4] https://www.helmholtz-berlin.de/quellen/bessy/index_en.html
[5] https://commons.wikimedia.org/wiki/File:Panorama_of_the_Swiss_Light_Source.jpg
[6] 日本物理学会 編,『シンクロトロン放射光』, 培風館 (1986).
[7] 大橋治彦, 平野馨一:『放射光ビームライン光学技術入門』, 日本放射光学会 (2008).
[8] S. Nozawa, S. Adachi, J. Takahashi, R. Tazaki, L. Guerin, M. Daimon, A. Tomita, T. Sato, M. Chollet, E. Collet, H. Cailleau, S. Yamamoto, K. Tsuchiya, T. Shioya, H. Sasaki, T. Mori, K. Ichiyanagi, H. Sawa, H. Kawata and S. Koshihara: *J. Syncrotron Rad.*, **14**, 313 (2007).
[9] A. Fujimori, E. Takayama-Muromachi, Y. Uchida and B. Okai: *Phys. Rev. B*, **35**, 8814 (1987).
[10] T. Ohta, A. Bostwick, J. L. McChesney, T. Seyller, K. Horn and E. Rotenberg: *Phys. Rev. Lett.*, **98**, 206802 (2007).
[11] http://cars.uchicago.edu/xaslib/search/Fe
[12] 太田俊明:『X 線吸収分光法 —XAFS とその応用—』, アイピーシー (2001).
[13] http://bruceravel.github.io/demeter/documents/Athena/index.html
[14] https://bruceravel.github.io/demeter/documents/Artemis/index.html
[15] J. Stöhr, Y. Wu, B. Hemsmeier, M. Samant, G. Harp, S. Koranda, D. Dunham and B. Tonner: *Science*, **259**, 658 (1993).
[16] A. Locatelli and E. Bauer: *J. Phys: Condens. Matter.*, **20**, 093002 (2008).
[17] A. Compton and S. Allison: "X-rays in Theory and Experiment", D. Van Nostrand (1967).
[18] J. Ibers and W. Hamilton: "International Tables for X-ray Crystallograpy", vol. 4, Kynoch Press (1974).
[19] https://it.iucr.org/
[20] S. Choe, Y. Acremann, A. Scholl, A. Bauer, A. Doran, J. Stöhr and H. Padmore: *Science*, **304**, 420 (2004).

[21] J. Vogel, W. Kuch, M. Bonfim, J. Camarero, Y. Pennec, F. Offi, K. Fukumoto, J. Kirschner, A. Fontaine and S. Pizzini: *Appl. Phys. Lett.*, **82**, 2299 (2003).

[22] J. Raabe, C. Quitmann, C. Back, F. Nolting, S. Johnson and C. Buehler: *Phys. Rev. Lett.*, **94**, 217204 (2005).

[23] K. Fukumoto, T. Matsushita, H. Osawa, T. Nakamura, T. Muro, K. Arai, T. Kimura, Y. Otani and T. Kinoshita: *Rev. Sci. Instrum.*, **79**, 063903 (2008).

[24] C. Stamm, T. Kachel, N. Pontius, R. Mitzner, T. Quast, K. Holldack, S. Khan, C. Lupulescu, E. F. Aziz, M. Wietstruk, H. Dürr and W. Eberhardt: *Nature Materials*, **435**, 655 (2005).

[25] C. Boeglin, E. Beaurepaire, V. Halté, V. López-Flores, C. Stamm, N. Pontius, H. Dürr and J.-Y. Bigot: *Nature*, **465**, 458 (2010).

[26] I. Radu, K. Vahaplar, C. Stamm, T. Kachel, N. Pontius, H. Dürr, T. Ostler, J. Barker, R. F. L. Evans, R. Chantrell, A. Tsukamoto, A. Itoh, A. Kirilyuk, Th. Rasing and A. Kimel: *Nature*, **6**, 740 (2007).

[27] S. Nozawa, T. Sato, M. Chollet, K. Ichiyanagi, A. Tomita, H. Fujii, S. Adachi and S. Koshihara: *J. Am. Chem. Soc.*, **132**, 61 (2010).

[28] K. Kim, S. Muniyappan, K. Oang, J. Kim, S. Nozawa, T. Sato, S. Koshihara, R. Henning, I. Kosheleva, H. Ki, Y. Kim, T. Kim, J. Kim, S. Adachi and H. Ihee: *J. Am. Chem. Soc.*, **134**, 7001 (2012).

[29] K. Kim, J. Kim, S. Nozawa, T. Sato, K. Oang, T. Kim, H. Ki, J. Jo, S. Park, C. Song, T. Sato, K. Ogawa, T. Togashi, K. Tono, M. Yabashi, T. Ishikawa, J. Kim, R. Ryoo, J. Kim, H. Ihee and S. Adachi: *Nature*, **518**, 385 (2015).

[30] M. Suga, F. Akita, M. Sugahara, M. Kubo, Y. Nakajima, T. Nakane, K. Yamashita, Y. Umena, M. Nakabayashi, T. Yamane, T. Nakano, M. Suzuki, T. Masuda, S. Inoue, T. Kimura, T. Nomura, S. Yonekura, L. Yu, T. Sakamoto, T. Motomura, J. Chen, Y. Kato, T. Noguchi, K. Tono, Y. Joti, T. Kameshima, T. Hatsui, E. Nango, R. Tanaka, H. Naitow, Y. Matsuura, A. Yamashita, M. Yamamoto, O. Nureki, M. Yabashi, T. Ishikawa, S. Iwata and J. Shen: *Nature*, **543**, 131 (2017).

[31] M. Dantus, R. Bowman and A. Zewail: *Nature*, **343**, 737 (1990).

[32] 株式会社大林組: 東京スカイツリー Ⓡ 成長記録スライドショー.

https://www.obayashi.co.jp/

[33] D. Mills, A. Harootunian and J. Hu: *Science*, **223**, 811 (1984).
[34] L. Chen, W. Jäger, G. Jennings, D. Gosztola, A. Munkholm and J. Hessler: *Science*, **292**, 262 (2001).
[35] K. Moffat, D. Szebenyi and D. Bilderback: *Science*, **223**, 1423 (1984).
[36] A. LeGrand, W. Schildkamp and B. Blank: *Nucl. Instr. Meth. A*, **275**, 442 (1989).
[37] V. Šrajer, T. Teng, T. Ursby, C. Pradervand, Z. Ren, S. Adachi, W. Schildkamp, D. Bourgeois, M. Wulff and K. Moffat: *Science*, **274**, 1726 (1996).
[38] F. Schotteand, M. Lim, T. Jackson, A. Smirnov, J. Soman, J. Olson, G. Phillips Jr., M. Wulff and P. Anfinrud: *Science*, **300**, 1944 (2003).
[39] B. Permanm, V. Šrajer, Z. Ren, T. Teng, C. Pradervand, T. Ursby, D. Bourgeois, F. Schotte, M. Wulff, R. Kort, K. Hellingwerf and K. Moffat: *Science*, **279**, 1946 (1998).
[40] S. Techert, F. Schotte and M. Wulff: *Phys. Rev. Lett.*, **86**, 2030 (2001).
[41] R. Neutze, R. Wouts, S. Techert, J. Davidsson, M. Kocsis, A. Kirrander, F. Schotte and M. Wulff: *Phys. Rev. Lett.*, **87**, 195508 (2001).
[42] H. Ihee, M. Lorenc, T. Kim, Q. Kong, M. Cammarata, J. Lee, S. Bratos and M. Wulff: *Science*, **309**, 1223 (2005).
[43] M. Cammarata, M. Levantino, F. Schotte, P. Anfinrud, F. Ewald, J. Choi, A. Cupane, M. Wulff and H. Ihee: *Nature Methods*, **5**, 881 (2008).
[44] H. Lemke, K. Kjær, R. Hartsock, T. van Driel, M. Chollet, J. Glownia, S. Song, D. Zhu, E. Pace, S. Matar, M. Nielsen, M. Benfatto, K. Gaffney, E. Collet and M. Cammarata: *Nature Commun.*, **8**, 15342 (2017).
[45] A. Hubert and R. Schäfer: "Magnetic Domains", Springer (2008).
[46] T. Shinjo, T. Okuno, R. Hassdorf, K. Shigeto and T. Ono: *Science*, **289**, 930 (2000).

記号一覧

アルファベット	
A: 原子質量	
$\vec{A}(r)$: 位置 r における X 線のベクトルポテンシャル	
B_u: ピーク磁場	
c: 光速	
d: 電子間隔	
D: スリット間隔	
e: 電子の電荷	
E: エネルギー	
$E(k)$: エネルギー期待値	
E_B: 結合エネルギー	
E_F: フェルミエネルギー	
E_k: 光電子運動エネルギー	
E_{vac}: 真空エネルギー準位	
f: 散乱因子(X 線散乱強度,電磁波の振幅)	
F: 結晶構造因子	
$F_j(k)$: 後方散乱強度	
h: プランク定数	
$h\nu$: 光エネルギー	
H: 周期場中の電子のハミルトニアン	
H': X 線と原子との相度作用を表すハミルトニアン	
HR: 自由電子の運動エネルギー	
I: 透過 X 線強度	
I_0: 入射 X 線強度	

K: K 値	
L: スリットからスクリーンまでの距離	
m_e: 電子の(静止)質量	
$\vec{p}$: 電子系の運動量	
T: 試料の厚さ	
t: 時間	
$u(k)$: 波数が k のときのブロッホ関数	
v: 速度	
$V(x)$: ポテンシャル	
w: スリット幅	
Z: 原子番号	

ギリシャ文字	
ν: 振動数	
γ: ローレンツ因子	
λ: 波長	
λ_u: 磁場周期	
λ_k: k 次の放射光の波長	
θ: 角度	
ϕ: 仕事関数	
$\Phi(x)$: 電子の波動関数	
$\Delta VR(x)$: 電子が感じるポテンシャル	
μ: 吸収係数	
ρ: 試料密度	
Φ_i: 始状態の波動関数	
Φ_f: 終状態の波動関数	

索引

【欧字】

ARPES: angle resolved photoemission spectroscopy 29
Auger 過程 36

Bragg, W. H. 5
Bragg, W. L. 5
Bragg 反射 5

Compton 5
Compton 散乱 5, 24
Crookes 5
Crookes 管 5

Debye-Waller 温度因子 40

Ewald 球 69
EXAFS: extended X-ray absorption fine structure 31

Fermi エネルギー 26
Fraunhofer の回折 59

K 値 16

Lambert-Beer の法則 34
Laue, M. von 5

Muffin-Tin 近似 39

NL: non-linear crystal 96

PEEM: photoemission electron microscopy 53
PES: photoemission electron spectroscopy 25
Röntgen, W. K. 5
SASE 方式 21
SHG: second harmonic generation 97
Siegbahn 5
SR: syncrotron radiation 8, 73
SSD: solid state detector 49

TEY: total electron yield 51
Thomson 散乱 2

UPS: ultraviolet photoemission spectroscopy 25

XAFS: X-ray absorption fine structure 31
XANES: X-ray absorption near edge structure 31
XFEL: X-ray free electron laser 20, 73
XMCD: X-ray magnetic circular dichroism 53
XPS: X-ray photoemission spectroscopy 25

$Z-1$ フィルタ 48

【ア行】

アンジュレータ 15, 16
イオンチャンバー 45
ウィグラー 15

索引

X線吸収端近傍構造 …………… 31
X線吸収微細構造 ……………… 31
X線光電子分光 ………………… 25
X線磁気円二色性 ……………… 53
X線自由電子レーザー ……… 20, 73
エワルド球 ……………………… 69

オージェ過程 …………………… 36
オージェ電子 …………………… 51

【カ行】

角度分解光電子分光 …………… 29

空準位 …………………………… 35
クルックス管 …………………… 5

蛍光法 …………………………… 47

コアホール ……………………… 35
広域X線吸収微細構造 ………… 31
高周波加速空洞 ………………… 12
光電子顕微鏡 …………………… 53
固体検出器 ……………………… 49
コンプトン散乱 ……………… 5, 24

【サ行】

紫外光電子分光 ………………… 25
自発放射 ………………………… 21
状態密度 ………………………… 26
消滅則 …………………………… 70
シンクロトロン放射光 ……… 8, 73

制動放射 ………………………… 6
線形加速器 ……………………… 11

総電子収量法 …………………… 51
ソーラースリット ……………… 48

【タ行】

第2次高調波 …………………… 97

蓄積リング ……………………… 11

デバイ・ワーラー温度因子 …… 40
電子銃 …………………………… 11
電子バンチ ……………………… 80

特性X線 ………………………… 6
トムソン散乱 ………………… 2, 59

【ハ行】

ハーモニックナンバー ………… 15
パルスレーザー ………………… 73

ビームライン …………………… 17
非線形結晶 ……………………… 96
非弾性散乱 ……………………… 24

フェルミエネルギー …………… 26
フェルミの黄金律 ……………… 37
フラウンホーファーの回折 …… 59
ブラッグ反射 …………………… 5
フロントエンド ………………… 18

放射光 …………………………… 8
ポンプ−プローブ法……………… 77

【マ行】

マフィンティン近似 …………… 39

ミオグロビン …………………… 82

【ラ行】

ランベルト・ベールの法則 …… 34

〔著者紹介〕

福本恵紀（ふくもと　けいき）
2005年　ベルリン自由大学 実験物理研究科 博士課程修了
現　在　高エネルギー加速器研究機構 物質構造科学研究所
　　　　放射光科学第二研究系 特任助教（博士（理学））
専　門　半導体光物性，超高速分光，光電子分光

野澤俊介（のざわ　しゅんすけ）
2002年　東京理科大学大学院 理学研究科 物理学専攻 博士課程修了
現　在　高エネルギー加速器研究機構 物質構造科学研究所
　　　　放射光実験施設 准教授（博士（理学））
専　門　光物性，超高速時間分解 X 線計測

足立伸一（あだち　しんいち）
1992年　京都大学大学院 工学研究科 分子工学専攻 博士課程修了
現　在　高エネルギー加速器研究機構 物質構造科学研究所
　　　　放射光科学第二研究系 教授（博士（工学））
専　門　放射光科学，物理化学，構造生物学，時間分解 X 線計測

化学の要点シリーズ　31　*Essentials in Chemistry 31*

X 線分光　―放射光の基礎から時間分解計測まで―
X-ray Spectroscopy
―*From fundamentals of synchrotron radiation to time-resolved measurements*―

2019年7月31日　初版1刷発行

著　者　福本恵紀・野澤俊介・足立伸一
編　集　日本化学会　Ⓒ2019
発行者　南條光章
発行所　共立出版株式会社
　　　　［URL］www.kyoritsu-pub.co.jp
　　　　〒112-0006 東京都文京区小日向4-6-19　電話 03-3947-2511（代表）
　　　　振替口座　00110-2-57035
印　刷　藤原印刷
製　本　協栄製本

printed in Japan

検印廃止
NDC　433.57
ISBN 978-4-320-04472-2

一般社団法人
自然科学書協会
会員

JCOPY ＜出版者著作権管理機構委託出版物＞
本書の無断複製は著作権法上での例外を除き禁じられています．複製される場合は，そのつど事前に，出版者著作権管理機構（TEL：03-5244-5088, FAX：03-5244-5089, e-mail：info@jcopy.or.jp）の許諾を得てください．

化学の要点シリーズ

日本化学会 編
全50巻刊行予定

❶ 酸化還元反応
佐藤一彦・北村雅人著 ········ 本体1700円

❷ メタセシス反応
森 美和子著 ················ 本体1500円

❸ グリーンケミストリー 社会と化学の良い関係のために
御園生 誠著 ················ 本体1700円

❹ レーザーと化学
中島信昭・八ッ橋知幸著 ······ 本体1500円

❺ 電子移動
伊藤 攻著 ·················· 本体1500円

❻ 有機金属化学
垣内史敏著 ·················· 本体1700円

❼ ナノ粒子
春田正毅著 ·················· 本体1500円

❽ 有機系光記録材料の化学 色素化学と光ディスク
前田修一著 ·················· 本体1500円

❾ 電 池
金村聖志著 ·················· 本体1500円

❿ 有機機器分析 構造解析の達人を目指して
村田道雄著 ·················· 本体1500円

⓫ 層状化合物
高木克彦・高木慎介著 ········ 本体1500円

⓬ 固体表面の濡れ性 超親水性から超撥水性まで
中島 章著 ·················· 本体1700円

⓭ 化学にとっての遺伝子操作
永島賢治・嶋田敬三著 ········ 本体1700円

⓮ ダイヤモンド電極
栄長泰明著 ·················· 本体1700円

⓯ 無機化合物の構造を決める
Ｘ線回析の原理を理解する
井本英夫著 ·················· 本体1900円

⓰ 金属界面の基礎と計測
魚崎浩平・近藤敏啓著 ········ 本体1900円

⓱ フラーレンの化学
赤阪 健・山田道夫・前田 優・永瀬 茂著
························ 本体1900円

⓲ 基礎から学ぶケミカルバイオロジー
上村大輔・袖岡幹子・阿部孝宏・闐闐孝介
中村和彦・宮本憲二著 ········ 本体1700円

⓳ 液 晶 基礎から最新の科学とディスプレイテクノロジーまで
竹添秀男・宮地弘一著 ········ 本体1700円

⓴ 電子スピン共鳴分光法
大庭裕範・山内清語著 ········ 本体1900円

㉑ エネルギー変換型光触媒
久富隆史・久保田 純・堂免一成著
························ 本体1700円

㉒ 固体触媒
内藤周弌著 ·················· 本体1900円

㉓ 超分子化学
木原伸浩著 ·················· 本体1900円

㉔ フッ素化合物の分解と環境化学
堀 久男著 ·················· 本体1900円

㉕ 生化学の論理 物理化学の視点
八木達彦・遠藤斗志也・神田大輔著
························ 本体1900円

㉖ 天然有機分子の構築 全合成の魅力
中川昌子・有澤光弘著 ········ 本体1900円

㉗ アルケンの合成 どのように立体制御するか
安藤香織著 ·················· 本体1900円

㉘ 半導体ナノシートの光機能
伊田進太郎著 ················ 本体1900円

㉙ プラズモンの化学
上野貢生・三澤弘明著 ········ 本体1900円

㉚ フォトクロミズム
阿部二朗・武藤克也・小林洋一著
························ 本体2100円

㉛ Ｘ線分光 放射光の基礎から時間分解計測まで
福本恵紀・野澤俊介・足立伸一著
························ 本体1900円

㉜ コスメティクスの化学
岡本暉公彦・前山 薫編著
··············· 2019年8月発売予定

══ 以下続刊 ══

【各巻：B6判・並製・94〜260頁】 **共立出版**

※税別本体価格※
（価格は変更される場合がございます）